知能はどこから生まれるのか？

ムカデロボットと探す「隠れた脳」

大須賀公一 著

近代科学社

読者の皆さまへ

平素より、小社の出版物をご愛読くださいまして、まことに有り難うございます。

㈱近代科学社は1959年の創立以来、微力ながら出版の立場から科学・工学の発展に寄与すべく尽力してきております。それも、ひとえに皆さまの温かいご支援があってのものと存じ、ここに衷心より御礼申し上げます。

なお、小社では、全出版物に対してHCD（人間中心設計）のコンセプトに基づき、そのユーザビリティを追求しております。本書を通じまして何かお気づきの事柄がございましたら、ぜひ以下の「お問合せ先」までご一報くださいますよう、お願いいたします。

お問合せ先：reader@kindaikagaku.co.jp

なお、本書の制作には、以下が各プロセスに関与いたしました：

・編集：石井沙知
・組版・印刷・製本（PUR）・資材管理：藤原印刷
・カバー・表紙デザイン：藤原印刷
・広報宣伝・営業：山口幸治、東條風太

はじめに

『古畑任三郎』[1]という刑事ドラマでは、最初に視聴者に事件現場が明かされ、犯人も教えてしまう。私たちは犯人を知った状態で、その事件の謎を刑事がどうやって解いていくかを楽しむ。本書もそのような構成になっている。冒頭で本書で考えたい問いを示し、それに対する回答も見せてしまい、その後、どうしてそのような答えになったかを順を追って説明してゆく。まさに書名のとおり、最初に「知能はどこから生まれるのか？」という問題提起をし、その答えを探す。その結果、どうやら「（いわば）隠れた脳」の存在を示唆する事実が示され……私たちはその存在を納得するための旅に出るのである。

この旅の道づれとして作ったのが、この本の主役である「ムカデ（のような）ロボット」i-CentiPot（アイ・センチポット）である。ただし、本物のムカデを忠実に再現しようとしたのではない。i-CentiPot は、確かにたくさんの胴節と多脚で構成されており、一見ムカデっぽい。でもやっぱり、ムカデとは似て非なるモノで、あくまでもロボット（おもちゃ）なのである。じゃあ、この人工物を使って何をしたいのか？ ムカ

1 1994年から放映が始まった、フジテレビ系の刑事ドラマシリーズ。主人公は、刑事の古畑任三郎である。

デの身体の設計原理を知りたいのか？　ムカデの内部構造を理解したいのか？　いやいや、私がやりたいのは、ムカデのハードウェア自体の再現ではない。私が知りたいのは、生き物に感じる「知能」が湧き出ている源泉の在処である。そのための具体的な生き物の例としてムカデを想定したにすぎない。

さて、知能はどこから生まれるのだろう？　私などは単純に、「いやいやいや、そんなことは考えるまでもない、生き物であればその中に備わっている脳・神経系から生まれるんでしょう」と思っていた。でも、なんと生き物の中には、脳はもとより神経系すら持っていないのに、知的に振る舞うモノがたくさんいる。これを知ってしまうと、どうも知能は脳から生まれるわけではなさそうに思えてくる。

私は、若い頃から様々な人工物を思うように操ること、すなわち「制御」に興味があり、学生時代から現在に至るまで、制御工学やロボット工学を研究してきた。当初は、知的な振る舞いを実現するためにはどのようなシステムを構築すればいいか、ということばかり考えていたが、徐々に関心の焦点が移ってきて、「知的に振る舞うってどういうことなんだろう？」と思うようになった。そしてここ数年は、より根源的な疑問「そもそも知能って何？」が気になって仕方なくなってきていた。世間では、このような素朴な疑問はいったん横に置いて、人間と同様、さらには人間を超える高度な知能を持つ人工物の開発が目指されている。そんな中で、私の関心のベクトルは真逆の方向を向いてしまったのである。

そこで、「知能とは何か」、あるいはより深く「知能が生まれる大本（源泉）はどこにあるのか」、という問いに対する答えを求めて、様々な分野の書物や文献を紐解くことから始めた。もちろん、ロボット工学においても知能は古くからあるテーマなので、これまでの知能論を総復習し、認知科学や脳科学の文献なども乱読してみた。しかし、欲する答えは見つからなかった。いずれも、知能の実現方法であったり、知能の存在を前提においた議論であったりし、知能の存在そのもの、あるいはその源泉を突き詰めたものではなかったのである。そうするうちに、この問いは哲学の問いに違いない、そして古代ギリシャ時代から2000年以上の歴史を持つ哲学の分野であれば、必ず誰かが答えを出しているに違いないと思うようになり、これまで「超」苦手だった哲学の勉強を始めた。[2] ただ、私のような典型的理系人間にとって、哲学を学ぶことのハードルは非常に高く、国内外の哲学者が書いた原著（あるいは翻訳本）は難しすぎた。そんな中、本文中にも引用した西研氏、竹田青嗣氏、戸田山和久氏らの著書は読みやすく、少しずつ「哲学語」に慣れることができてきた。そうすると徐々に哲学のおもしろさがわかってきた。それまで私は、哲学とは、「アリストテレスがこう言った」「プラトンの考え方はこうである」という史実を学び、覚えることだと思っていたのだが、実はそうではなく、要するに「哲学とは、自分が持っている問いをとことん突き詰めて、自分で考えることだ」と思うに至った。[3] そして、人それぞれで考える問いが違うのだから、当然、一

2　なんといまでは、私は日本哲学会の会員である。

3　何を今さら……ですね。

般的な哲学にも私の問いに対する答えはない、ということもわかってきた。

さらにこの段階になってようやく、私は哲学者になるわけではないのだから、過去の哲学を学んだとき、その思想自体を完全に理解できなくても、その中に何か自分にとってしっくりくるものがあり、そこから何らかのヒントを掴むことができればいいんだ、と開き直ることができるようになった。フッサールの現象学という考え方がまさにそれである。この考え方を参考に、普通は「知能が実在するから知能を感じる」と捉えるところを「知能を感じるから知能の存在を確信するのだ」とする、逆の発想ができるようになり、その結果、「知能の源泉はそのモノの中にあるのではなく、外——すなわち環境——にある。それが隠れた脳（とでもいうべきもの）である」という考え方にたどり着いたのである。

このように本書は、「ムカデロボット」という模型と一緒に「知能が生まれる源泉」を探すために出た旅の冒険日誌のようなものである。したがって、学術論文ではなく、エッセー、あるいは思想書であることをご了承いただき、「へー、そんなこと考えてる人もいるんだ」と気楽にお読みいただければと思う。

なお、読者の皆様にできるだけ動画を見ていただこうと思い、所々に動画掲載ウェブサイトにアクセスするためのＱＲコードを掲載している[4]。画質が悪いものもあるが、ご容赦願いたい。

4 近代科学社ウェブサイトの本書のページにも、動画のリンク集を掲載している。https://www.kindaikagaku.co.jp/engineering/kd0581.htm

目次

第7章　旅の終わりと新たな始まり

第1章

旅の始まり

1・1 プロローグ

皆さんは、コオロギを水の上に置いてみたことはあるだろうか？　ご存知のように、コオロギは6本の脚を持つ昆虫で、陸上ではトライポッド歩容で歩く。これは、昆虫が見せる典型的な歩き方で、まず左の前後の2脚と右の真ん中の1脚を動かし、次に左の真ん中の1脚と右の前後の2脚を動かすというパターンを繰り返す。そんなコオロギを水の上に置くのである。もちろん、そのコオロギは水泳の練習をしたことはないし、そもそも生まれて初めて水の上に置かれるのである。

図1・1をご覧いただきたい。上は陸上での、下は水上でのコオロギの様子である。陸上を歩くときのトライポッド歩容では、図1・1のとおり脚の動きは左右対称ではないが、水上ではなんと脚を左右対称に動かして平泳ぎをするのである。この歩行パターンの変化はどうして起こるのだろう？　コオロギは脳を持っているので、脳が現在の環境を認識して、それに応じてあらかじめ用意したいくつかの歩行パターンから環境に応じたものを選び、それを発現させているのだろうか？　しかしながら、現在のところそのような歩行パターンを切り替えるスイッチは見つかっていない。また、もしコオロギ

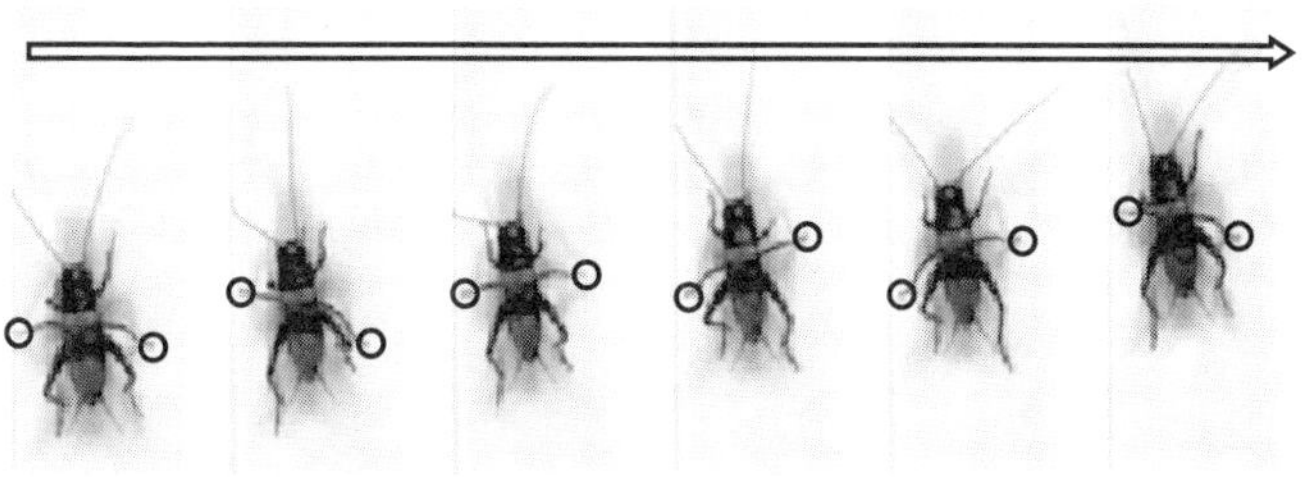

コオロギの歩行（陸上）

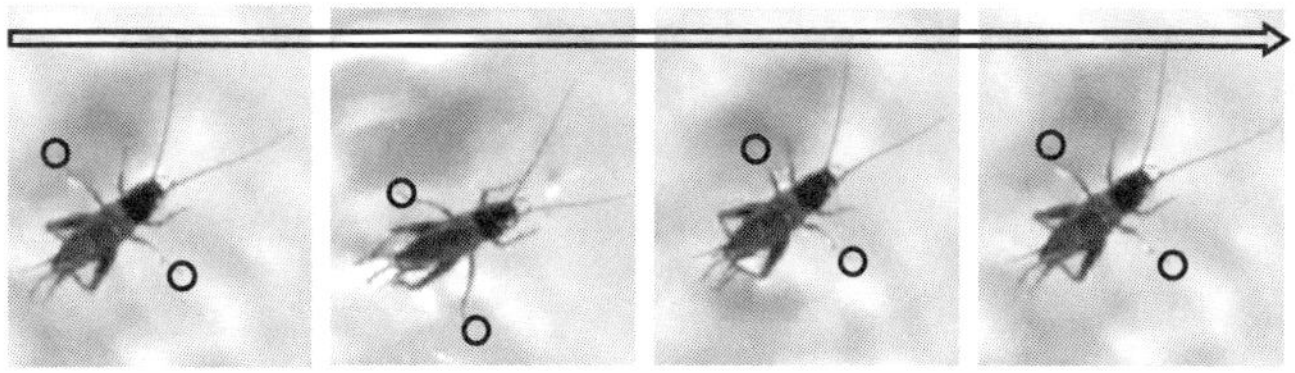

コオロギの遊泳（水上）

図1.1
コオロギを陸上に置くといかにも昆虫っぽく歩くのに、水の上に置かれると平泳ぎをする！

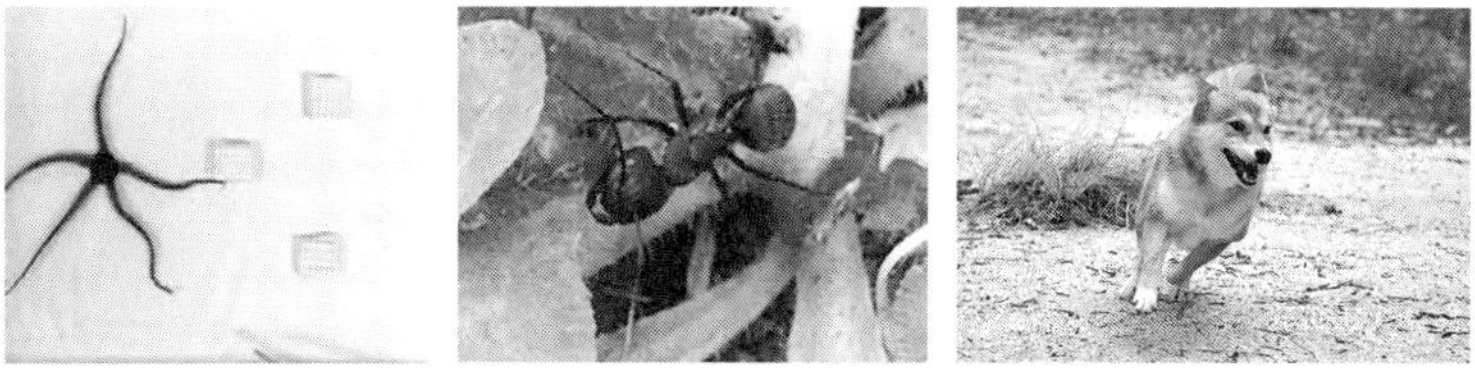

図1.2
すべての生き物は、いろいろな環境の中をうまく移動する。

がそのような戦略をとるのなら、あらかじめありとあらゆる場面を想定して、それぞれの場面にあった歩行パターンを用意しておかねばならないわけだが、それはいかにも非現実的である。なにしろ生き物は生きていくために必要な判断をするために利用できる計算資源[1]が有限かつ貧弱なので、個々の判断のための計算量をできるだけ節約しなければならない。したがって、あらかじめ起こり得ることをすべて想定して、その対策を網羅的に用意しておくという戦略は適切とは言えない。

さて、コオロギに限らず、すべての生き物は未知な自然環境の中を自在にしなやかに移動する（図1・2）。そんな様子を見て、私は「上手に動くなぁ」と思い、そこに「知能」を感じる。そして同時に「そういえば知能って何？」という素朴な疑問が頭の中に湧《いず》き出る。これは、素朴ではあるが非常に大きな問いである。一見、誰にでも答えがわかりそうなのに、具体的に定義しようとすると、すぐにその難しさに気が付き、行き詰まってしまう。ちまたには「知能」という単語を含む言葉が溢れかえっているのに、その本質を掴もうとしてもなかなか掴めず、いわば逃げ水のように逃げていく。そんな不思議な言葉（概念）なのである。

本書は、この摩訶不思議な「知能」について私なりに腑に落ちようと右往左往した結果、ようやくたどり着いた一つの考え方を紹介するものである。私にとって最も興味深かったのは、「知能に対して感じる、簡単にわかりそうでわからない、掴めそうで掴めない、もどかしさはどこから来るのか？」という問いである。そこで、知能という大海

1　情報処理や計算などをするための、処理装置や記憶装置などの総称。

の全貌を俯瞰するのではなく、その大海に注ぐ大河をさかのぼって、知能を感じる大本の場所、すなわち「知能の源泉」を探し当てようと試みた。知能の全貌はあまりにも大きすぎて捉えどころがないように思えるが、知能が生まれる源泉であれば（もし本当に存在するのであれば）明確に探り当てられるのではないか、と考えたわけである。

さて、私たちが何かモノゴトを理解しようとする際に、「構成論的アプローチ」という手法を用いることができる。これは、知りたい事柄における注目しているコトを、その「模型」あるいは「モデル」を構築することで理解しようとする方法である。例えば、知りたいコトが分析的な手法によっては理解しにくいとき、そのコトを生み出すメカニズムを想定し、それを人工的に作ってみたところ、同様のコトが生まれたとする。そうであるならば、そうやって構成した（もしかしたら作ったモノはもとのモノとは似て非なるものかもしれないが）メカニズムが知りたいコトを的確に表現していると見なし、その一致性を持ってそのコトを理解したと考える。ちなみに、分析的な手法によってモノゴトを理解しようとすることは「解析的アプローチ」という。もちろん、両者は対立するものではなく相補的である。

そこで私は、構成論的アプローチの立場から「知能の源泉」を探るための一つの方法として、生き物のように未知な自然環境の中を自在に動きまわれるロボットを作ってみようと考えた。もしもそんなロボットが実現でき、まさに生き物のような動きが生まれたとすると、そのロボットの中に埋め込んだ機能こそが知能の発生源だと考えていいだろう。

1・2 ムカデ型ロボット i-CentiPot の「知能」

私たち[2]は、いかにもしなやかに移動ができて走破性が高そうな生き物であるムカデに注目し、図1・3のようなロボットを試作することにした。多リンク構造[3]の胴体を持ち、それぞれのリンクの両側には多自由度の脚が付いている（図1・4）。このようなロボットが無限定[4]な自然環境、すなわち「無限定環境」の中を巧みに移動するには、

①身体周辺の環境の様子をリアルタイムで察知する分散型センサシステム

②環境の様子に対して胴体などに無理がかからないように体節や脚関節を操るための高性能な制御則（制御アルゴリズム[5]）

③制御則によって得られた指令をもとにすべての関節を的確に動かすための小型モータ

2　JST CREST「環境を友とする制御法の創成（小林亮（広島大学）、石黒章夫（東北大学）、青沼仁志（北海道大学）、大須賀公一（大阪大学））2014〜2019年度」の研究グループ。6・1節参照。

3　棒状の短い部材（リンク）が関節で直列結合された構造体。

4　あらかじめ予測できず、未知であること。

5　「制御」「制御則」などの説明は3・3節参照。

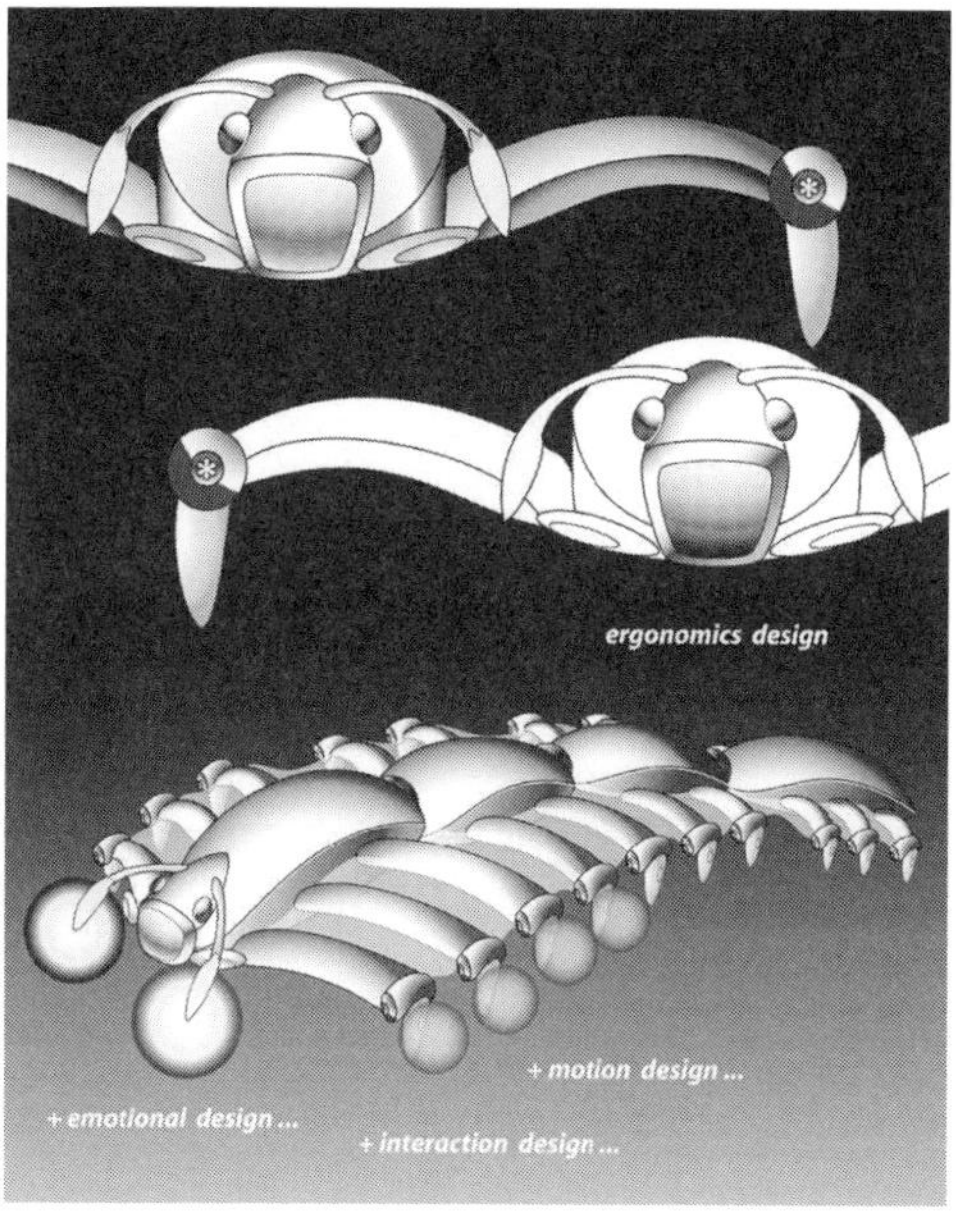

提供：中川志信（大阪芸術大学）

図1.3
ムカデのような多足類をイメージしたロボットを作りたい。

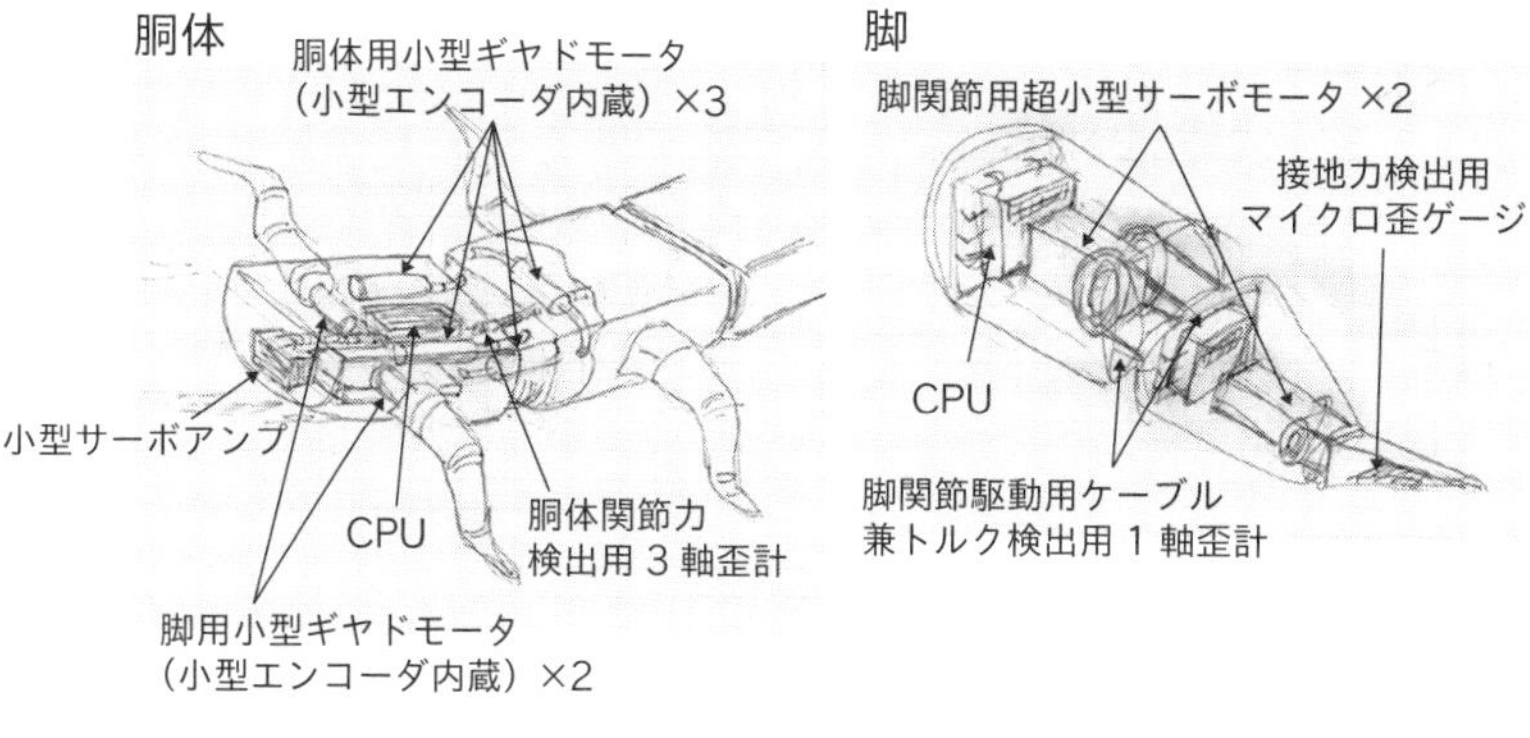

図1.4
すべての関節に小型モータを付け、全身にはシート状の触覚センサを貼り付け、いたるところに小型 CPU をちりばめる……。

などが必要であろう。

幸い、近年進歩の目覚ましい様々な技術を利用すれば、これら3つの要素の実現はそれほど難しくない。①のセンサシステムについては、柔軟なシートにセンサが分布的に配置されている接地力センサシートや、縦5cm×横2cmの小型レーザーレンジファインダ[6]などが開発されている。②についても、最近のコンピュータの進歩によって、複雑な制御アルゴリズムを実装することが可能になってきた。さらに、昨今の高速大容量通信技術により、本体から遠隔地にあるスーパーコンピュータに大量のセンサデータを無線で飛ばして、そこで複雑な制御則の計算を行った結果を本体に送り返すという、「リモートブレイン方式」を用いた制御も実現できるようになった。これらを利用することで、無限定環境に由来する膨大なデータを用いた機械学習[7]なども実現できるようになる。そして、③のモータも小型化・高性能化が進み、最近では直径わずか1・5mmという超小型の減速機・角度検出器付きモータが入手できる。

このような技術の存在を想定して、私たちはムカデ型ロボットの開発を始めた。ただしここで注意すべきことは、「私たちはムカデそのものを再現したいのではなく、生き物から感じる知能の発現原理を再現したい」という点である。このロボットは長さ7cm程度の16本のリンクを直列に連鎖して構成されており、各リンクの両側にはそれぞれ柔軟な脚が1本ずつ生えている(全部で32本の脚を持っている)。したがって、各関節にモータを組み込むことを考えると141個のモータが必要となり[8]、それに応じて制御ア

6 光学的に周辺の3次元形状データを取得するシステム。

7 人工知能の研究分野の一つ。人間が行っている学習機能をコンピュータ上で再現しようとする試み。

8 胴体の各関節に3個、それが15関節なので45個。それに各脚に3個でそれが32本分なので96個。あわせて141個である。

ルゴリズムは141入力という大規模なものになる。さらに、無限定環境から大量のデータを取り込み、昨今急速に発展してきたディープラーニングをはじめとした人工知能を用いた処理系で環境認識をしようとすると、ロボット本体に埋め込むCPUだけでは能力不足なので、先ほど述べたリモートブレイン方式が有効である。

以上のような考察を経て実現したのが、ムカデ型ロボットi-CentiPot（アイ・センチポット）である（図1・5）。i-CentiPotは、屋外の林の中など路面に凹凸や岩があったり、落ち葉が多数散乱したりしているような環境でも、自ら移動可能な方向を探り、路面の形状に倣って、無理せずに進む。図1・6の連続写真は屋外移動実験の一例で、図中⑴〜⑹へと時間が進んでいる。⑵で目の前の木の存在を察知したi-CentiPotは、⑶〜⑸のように自らの進行方向を修正し、⑹のように前に進んでいく。これ以外にも何度か自然環境での屋外実験を行ったが、彼はいずれの場合も、図1・6のように、自律的に進路を修正しながら進むことができた。

なによりも大切なのは、このi-CentiPotの動きを見た多くの人の第一声が「キモ！」「気色悪い！」「賢こ！」であったことである。何を隠そう、作った本人たち[9]が「何これ！　気持ちわる！」と思ったのだ。私はこれまでにも多くのロボットを開発してきたが、これほど自然環境をしなやかにうまく移動できるロボットは見たことがなかった。その意味で、確かに高度な制御がなされているという「知能」を感じることができた[10]。

読者の皆様には、本書の言葉や写真だけでは、この感覚は共有できないかもしれな

9　大須賀公一（大阪大学）、衣笠哲也（岡山理科大学）、林良太（岡山理科大学）、吉田浩治（岡山理科大学）、大脇大（東北大学）、石黒章夫（東北大学）。

10　しばしば議論されるが、動きに「生き物らしさ（例えば動きが気持ち悪い）」を感じることと「知能」を感じることは完全には一致はしていないだろう。ただ、見た目は明らかに生き物ではないのにその動きに生き物を感じるのは、その奥に知能を感じているからではないか、と考えている。

図1.5
これがムカデ型ロボット「i-CentiPot」だ！

図1.6
i-CentiPot が森の中を(1)→(2)→(3)→(4)→(5)→(6)と進んでいく。
実にうまく木をよける。

い。その場合にはぜひ動画をご覧いただければと思う。

1・3 i-CentiPot の真実

こうして、センサ技術、計算機技術、制御技術、モータ技術など様々な先端技術を想定して i-CentiPot を開発したところ、確かにその動きに「知能」を感じることができた。やはり人工知能をはじめとする先端制御技術の威力は絶大だ、と言えよう。

しかしここで、私は読者の皆様に真実を明かさなくてはならない！

すでに、お気づきの方もおいでかもしれない。そう、私は先ほどから紹介してきた様々な先端技術を、どれ一つとして i-CentiPot に投入していないのである。すなわち、高度に制御されている、あるいは知的に行動しているように見えた i-CentiPot は、実は何の制御もされていなかったのである。

先の文章をもう一度ご覧いただこう。確かに「……などが必要であろう」「技術の存在を想定して」「組み込むことを考えると」などと書かれてはいるが、「……を組み込んだ」とはどこにも書かれていない。単に「以上のような考察を経て実現した」とあるだけで（考察しただけで）、結局先に紹介した先端技術は何一つ取り入れていなかったのである。詳細は第6章で述べるが、実はi-CentiPotにはセンサが一つも付けられていない。モータも141個も使っておらず（使ったとは述べていない）、たったの6個だけである。それもすべてのモータのシャフトをコイルバネ（可撓性シャフト）で直列に連結して一体化しているので、実質的にはモータは1つだけだと言ってよい。32本の脚は、すべて同時に連動して動いているだけなのである。15個ある胴体の関節にはモータは入っておらず、すべてコイルバネとスポンジで連結されているだけの、能動的に動くことができない受動関節である。また制御アルゴリズムに関しては、リモートブレインや人工知能はもとより、マイコンすら搭載していない[11]。

このようにi-CentiPotは、何の制御もされていない。知能を実現するのに必要だと思いがちなコンピュータ（生き物でいうと脳・神経系）もセンサシステムも一切搭載しておらず、ただ単に身体を環境に馴染ませて自然に歩いているだけなのである。それなのに、なぜか知能を感じる。知能を生み出す装置を持たないi-CentiPotに、どうして知能を感じるのか？　この疑問をより深く掘り下げてゆくと、最終的には、「そもそも知能とは何なのか？」という問いに到達し、振り出しに戻ってしまう。

この、「知能を生み出す装置が内蔵されていない」という事実と「知能を感じてしまう」という感覚との間のギャップは、私たちが持っている常識や先入観を崩してしまうのではないかと思わせる。そして実際に、このギャップに「知能の捉えどころのない不

11　正確に述べると、電源スイッチを遠隔で操作するためのCPUは積んでいるが、制御用CPUは搭載していない。

思議さ」を感じる謎の根源があり、「知能の源泉」を探り出すヒントが潜んでいたのである。これから私は、i-CentiPotとともにこの謎を解く旅に出発します。ぜひとも皆さんも「知能の源泉」を見つけ出す探検にご同行ください。

第2章
知能はどこにあるのか？

2・1

知能はどこにあるのか?

さて、改めて「知能って何?」と問うてみよう。例えば、「様々な状況を察知して適切に行動する能力を知能という」「与えられた問題を解く能力を知能という」といった答えが思いつく。そして、その「能力」は、「いま注目している対象物自身が持っている」と考えるのが常識的だろう。しかし、「知能とは何か?」という問いに対する答えは、おそらく人によって千差万別で、数学の定義のように明確には定まりそうもない。そこで、もしも「知能の機能はこうである」とうまく仮説を立てることができ、それを人工的に実現していわゆる知能ロボットを作ることができたなら、結果的に知能とは何かがわかるのではないか。[1] しかし、いくら複雑な制御アルゴリズムを構築しても、最終的に無限定な環境に対応できる制御装置が完成するとは考えにくい。必要な情報処理量が爆発的に増えてゆき、いわゆるフレーム問題[2]に陥って身動きできないシステムが作られるだけであろう。一方、もしも生き物の脳・神経系の構造や機能を解析することにより知能発現のメカニズムが掴めるのであれば、近年の分子生物学の成果により、すでに随分理解が進んでいるはずである。[3] しかし、現状では残念ながらそうなっていない。

1 1・1節で述べた「構成論的アプローチ」である。

2 人工知能研究における重要な問題で、有限の情報処理能力しかないロボットには、現実に起こり得る問題すべてに対処することができないことを示すものである。

3 1・1節で述べた「解析的アプローチ」である。

どうも、このようなアプローチでは痒いところに手が届かないようだ。いや、アプローチのせいというよりは、何か考え違いをしているように思われる。まるで、以下の、リチャード・フィリップス・ファインマン[4]が好んで話したという寓話そのもののように思える。

ある男が街灯の下で何かを一生懸命探していた。通行人が「何をやっているんだ」と尋ねたところ、男は「自分は鍵を落としたので探している」と答えた。その通行人がさらに「その鍵はこの明るいところに落としたのか？」と尋ねると、その男は「いや、本当はあっちの暗いところで落としたのだけれども、ここは街灯があって明るいから探しているんだ」と答えた。

知能ロボットを作ったり、生き物の脳神経系を解析したりして知能の源泉を探すと、一見答えが見つかるように思えるが、実はこの寓話における街灯の下で鍵を探すことにほかならないのではないだろうか？　どうも知能の本質（知能の源泉）は、本当は街灯の当たっていないところにありそうな気がしてならない。

4　米国の物理学者。1965年にノーベル物理学賞を受賞。

2・2

知能を感じるときって？

知能を明確に定義することは難しい。だが、そうは言っても、私たちが目の前の何かを見て、知能を感じるときと感じないときがあることも確かである。そこでまず、いろいろな「知能を感じそうなモノ」を見て、実際に知能を感じてみよう。そして、どんなときに知能を感じるかを考えてみる。そうすることで、何かヒントが見えてくるかもしれない。

まず、図2・1をご覧いただきたい。これは、人が凸凹のある地面や階段、あるいは群集の中をぶつからずに歩いている様子である。このような行動はいかにも知的に見え、「この人は確かに知能を持っている」と感じる。しかし、私たち人間は大きな脳を持っているから当然だ、とも思うだろう。また、同様に大きな脳を持っている犬や猫などの哺乳類が知的に振る舞う様子を見ても、不思議さは感じないのではないだろうか。

次に、図2・2を見てみよう。人物の後ろにそびえるのは、オーストラリアのダーウィン郊外に生息している聖堂シロアリが造った蟻塚である。このような高さ6mにも及ぶ蟻塚が、このあたりのいたるところに乱立している。この蟻塚は、すばらしく機能

図2.1
人は様々な環境の中をさりげなくうまく移動できる。

図2.2
聖堂シロアリが築く巨大構造物。微小脳しか持たないのになぜこんなものを造ることができるのか？　一緒に写っているのは北海道大学の青沼仁志氏。

的な構造物である。中には様々に役割分担された部屋が無数にあるのだが、部屋と部屋とを隔てる壁の厚さは上に行くほど薄く、下のほうが分厚い[5]。また、表面には吸気口と排気口があり、中の温度や湿度がほぼ一定になるように工夫されている。

このような大規模で洗練された構造物を造ることができるこのシロアリたちは、いかにも高い知能を持っていると思わせる。しかし、蟻塚を造っているシロアリを1匹実験室に連れ帰り、脳を調べてみると、あまりの小ささに驚愕する。私たちの脳は1000億個の神経細胞から構成されていると言われているのに対して、彼らの脳は微小脳と呼ばれ、せいぜい数十万個の神経細胞しか持たないのである。どう考えても、そこにあのように大規模な蟻塚の設計図が描きこまれているとは思えない。しかし、その1匹のシロアリを蟻塚に戻してやると、再び蟻塚の建設を始めるのである。シロアリに限らず、昆虫は微小脳しか持たない。しかし、脳の大きさから予想されるよりもはるかに知的な行動を見せる。不思議である。

さらに、図2・3を見てみよう。海水で満たされたプールの中に、不規則な位置に固定されている四角い出っ張りとクモヒトデ[6]が写っている。写真の右側にはクモヒトデを引き付ける誘引物質が置かれており、彼はそこに向かって移動しようとしているのである。腕の動きに注目してほしい。右に行こうとして出っ張りに腕が当たったとき、移動するために有効なモノだと判断した場合は腕を引っ掛けて、力を入れて駆動力にし、逆に邪魔だと判断した場合は力を抜く。このような動作を繰り返すことによって、自分の

5　あたかも構造体の強度を考慮しているかのようである。

6　クモヒトデとは、ウニやナマコやヒトデと同じ棘皮動物門に属する動物で、五放射相称の身体を持つ海産無脊椎動物。多くの種では、盤から5本の腕が伸び、その腕を巧みに動かして海底を移動する。脳はなく、神経系は、口のまわりを環状に取り巻く周口神経環と腕の中を伸びる放射神経系からなる。進化系統学的には、無脊椎動物の中では最も脊椎動物に近い仲間である（青沼仁志氏談）。

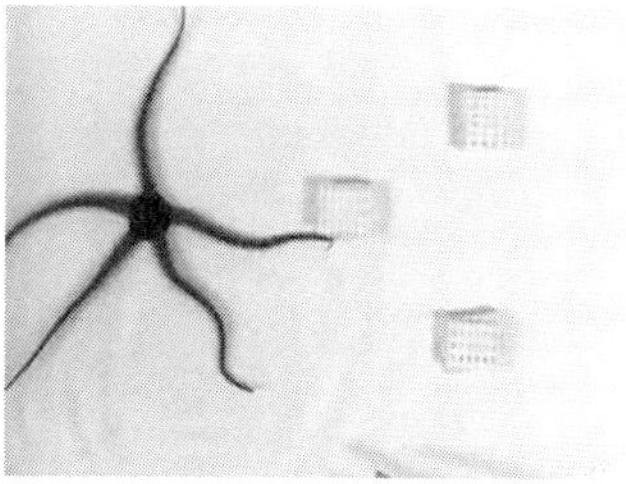

（1）右に行こうとする

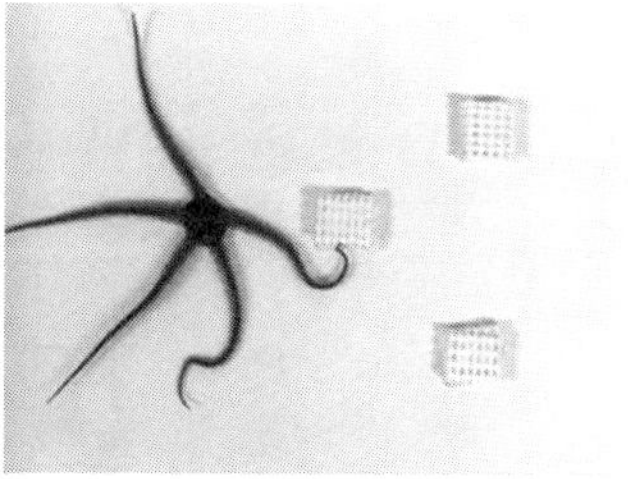

（2）腕を引っ掛け

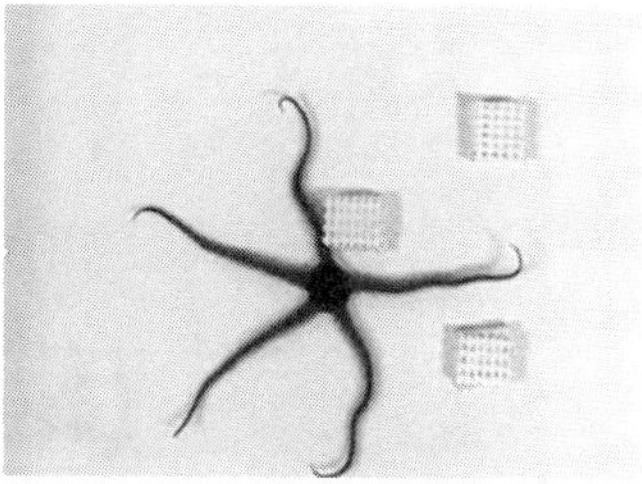

（3）腕をすり抜け

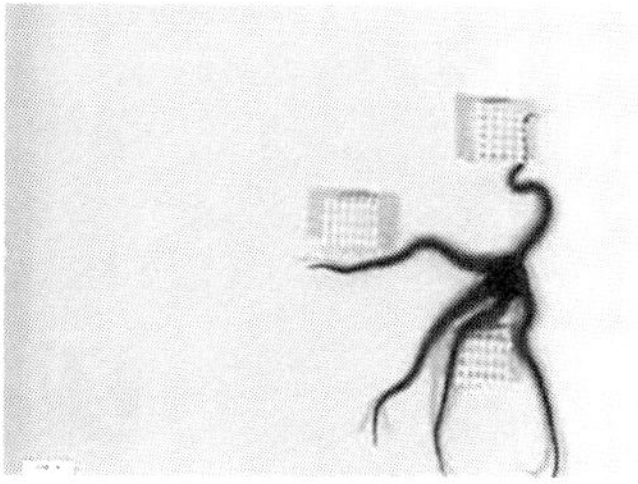

（4）さらに腕を引っ掛ける

図2.3
東北大学の石黒・加納研究室で飼育されているクモヒトデ。うまいこと突起物を利用して、あるいはよけて前に進む。え、脳を持ってない？！　神経系しか持たないのに知的に見えるのはなぜ？

行きたい方向に移動するのである。これはいかにも知的な行動である。ところが、実はクモヒトデは、神経系は持っているものの、脳は持たない。それなのに、このような知的な行動を見せる。

クモヒトデは、沖縄などの遠浅の海辺に生息している。私たちは、実験で用いるために、図2・4のように岩の陰に隠れて1本だけ外に出している腕を引っ張って捕獲する。しかし、クモヒトデはしぶとく抵抗して容易に出てきてはくれない。想像以上の力で抵抗するので、思わず力を入れすぎると、腕を切り離して逃げられてしまう。そうならないための力の駆け引きが非常に難しい。少し力を入れて引っ張り、抵抗されたらしばらく一定の力で引っ張る。そして、ときどき力を強める。そんなことを繰り返し、彼が油断した隙に一気に引っ張り出さなくてはならないのだが、実は私はまだうまく捕獲できない。クモヒトデとの力の駆け引きに負けるのである。そのときの敗北感は並大抵のものではない。なにしろ、巨大な脳を持っている私が、脳を持たないクモヒトデに負けるのである。微小脳しか持たないシロアリや昆虫に高度な知能を感じることも驚きであるが、そもそも知能の素であろう脳がないのに知的な行動ができるクモヒトデの存在は、さらなる驚きである。

最後に皆さんは、図2・5左の写真は何だと思うだろうか？　これはある生き物が作った巣である。小さな砂粒でできており、直径１６０μmと非常に小さい。この巣を作った当人は、右の写真のように、巣の中から触手を伸ばして餌を採って食べるとい

図2.4
クモヒトデはこんなところに隠れている。この腕を引っ張って引きずり出すのは熟練がいる。私はこの智恵比べに負ける……。

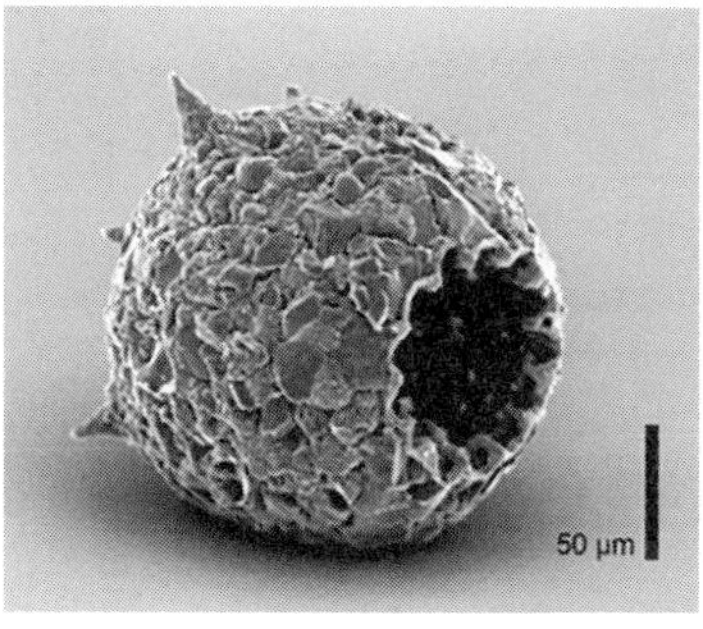

© Ralf Meisterfeld

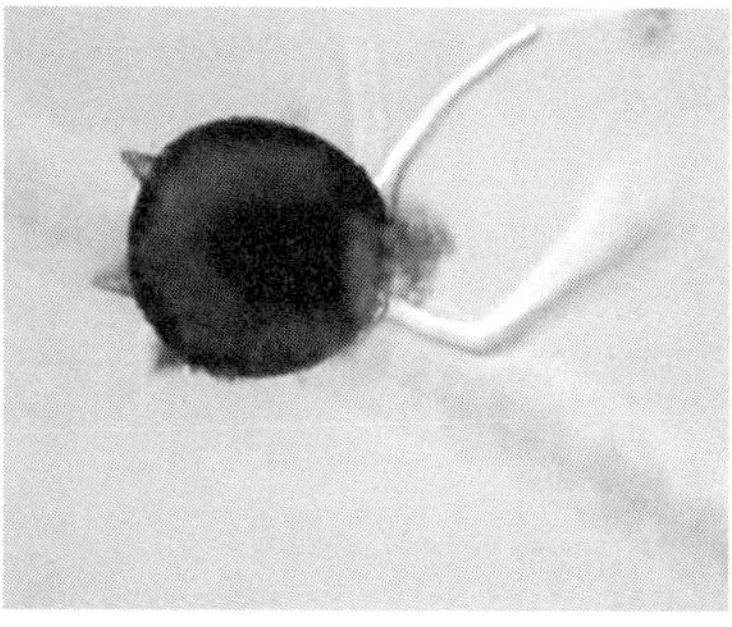

Courtesy Antonio Guillén, "Water Project"

図2.5
1mm にも満たないこんな小さな巣を作る生き物がいる。巣を作った本人はその中に入って餌をとる。でもなんとその正体はアメーバである！　ということは脳も神経も持っていない。なのにこの知的な行動が生まれるのはなぜ？

う、知的な行為を見せる。そもそも巣を作ること自体が立派に知的な行為であり、さぞかし高等な生き物だろうと思ってしまうが、実は正体はディフルギア・コロナ（Difflugia corona）というアメーバなのである。ご存知のように、アメーバは多核性単細胞生物で、脳はもちろんのこと神経系すら持っていない。それなのに、このような知的に見える行動をとるのである。なお、粘菌なども、同様に知的な行為を見せることが知られている。[7] いくら「彼らには脳も神経もないのだから、知能があるはずない」と自分に言い聞かせても、このような行為を目の当たりにすると、どうしても知能を感じてしまう。昆虫やクモヒトデ以上に不思議である。

2・3 知能を感じる条件は？

ここまで、様々な生き物の行動を見て、知能を感じるかどうかを検証してきた。その結果わかったことは「脳を持たない生き物や、脳も神経も持たない生き物も多数いるが、どんな生き物からも知能を感じる」ということである（図2・6）。私はこれまで「知能を生み出すには脳が必要だ」と直感的に信じていたが、どうもそうではなさそう

7 次の論文などを参照願いたい。
Nakagaki, T., Yamada, H. & Tóth, A.: Intelligence: Maze-solving by an amoeboid organism, *Nature*, Vol.407, p.470 (2000).
伊藤賢太郎、中垣俊之：粘菌ネットワークの賢さ、『生物物理』、51巻4号、pp.178-181（2011）

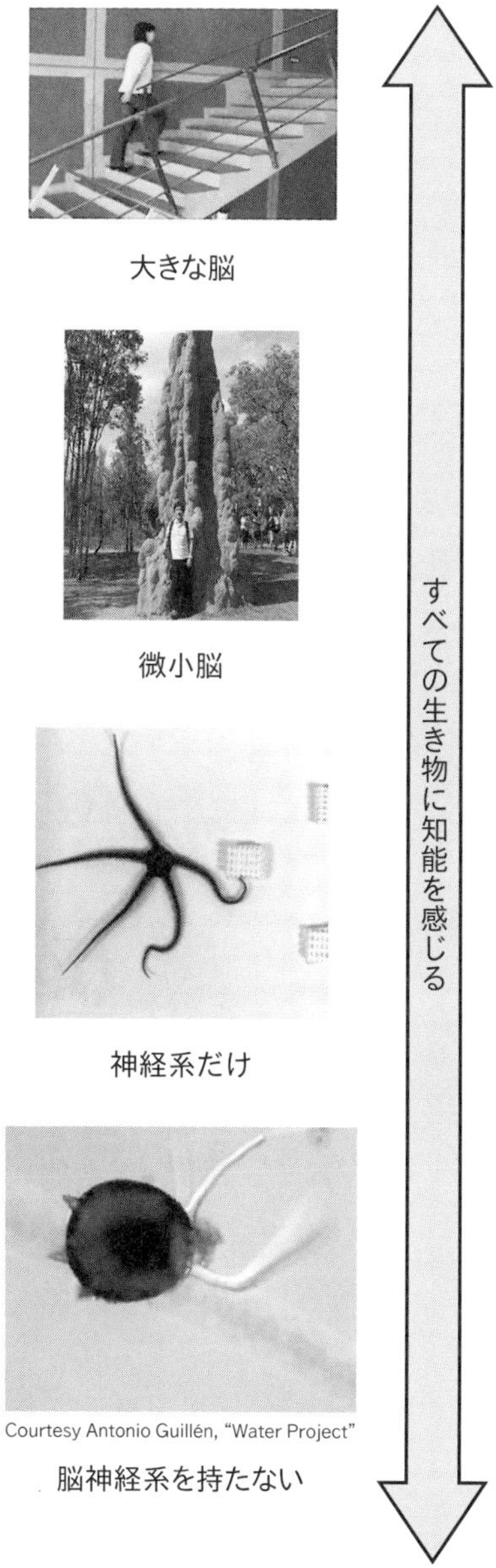

図2.6
脳や神経系がなくても、知能を感じるのはなぜ？

である。昆虫のように微小脳しか持たずとも、さらには脳がなくても、もっと言うと神経系すらなくても、知的に振る舞う生き物はたくさんいる。この事実は、「もしかしたら、生き物の中に知能を生み出す装置はなくてもいいのではないか？」という疑問をわき起こす。

この「知能を生み出すには脳が必要だ」という直感と、「脳どころか神経系すらなくても賢く振る舞う生き物はたくさんいる」という事実のギャップを飲み込むために、発想の逆転を試みてみよう。私たちは普通、「知能が存在するから、それを見て知能を感じる」と考えているが、逆に「知能を感じるから、そこに知能が存在すると確信する」と考えてみるのである。実際に、自分の頭の中の思考を内省して忠実に表現してみると、まずは目の前の現象を認識するところから始まり、次にそれが何であるのかを納得している。したがって、実は後者の考え方のほうがしっくりくるのではないだろうか。

この2つの考え方は、一見単語を入れ替えただけの言葉遊びのように見えるかもしれないが、実は大きく意味が異なる。前者「知能が存在するから、それを見て知能を感じる」は、「生き物の中に知能発生器が存在する」と仮定している。それに対して、後者「知能を感じるから、そこに知能が存在すると確信する」は、「生き物の中に知能発生器が存在してもしなくてもよい」という考え方で、大事なのは「存在を感じた結果、存在を確信すること」である。この発想の逆転は、フッサール[8]が提唱した、哲学における「現象学」の考え方を参考にしている。本書では、これからこの考え方に基づいて知能

8　エトムント・グスタフ・アルブレヒト・フッサール（1859-1938年）。オーストリアの哲学者、数学者である。

の源泉を探してゆく。ただし、哲学的思想には絶対的な正解というものはないので、あくまでも「皆さんもいったん私と同じように考えてみませんか?」という提案である[9]。

この「知能を感じるから、そこに知能が存在すると確信する」という発想の逆転は、本書において核になる考え方なので、少し補足しておこう。いまは知能について議論しているが、ほかのモノゴトについて考えるときにも、この考え方を当てはめることができる。例えば、「机とは何か?」と尋ねられたら、どう答えるだろう?「四角い板に4本の脚が付いている家具」という答えは良さそうに思える。しかし、円形や楕円形や星形の机もあるし、5本脚や6本脚の机があってもおかしくない。また、段ボール箱の上で何か作業するとしたら、そのとき段ボール箱は机になっている。すなわち、私たちは、机だと絶対的に定義できる存在を「机」と見なしているのではなく、見る者が「これは机だ」と感じるものを机と見なしているのである。つまり、「机というあらかじめ決められたものが存在するから机を感じるのではなく、机を感じるから机の実存を確信する」のである。

さて、先にこの考え方を「発想の逆転」と呼んだものの、考えてみると、そもそも言葉(いまの場合「机」)は、連続で不可分な世界を区切って離散的にラベリングするために人類が生み出した道具なので、モノゴトを絶対的に定義できないのは当然である[10](図2・7)。ここでしばらく立ち止まって、この現象学的な観点についてさらに議論するると非常におもしろいのだが、いまはそれを我慢してひとまず先に急ごう(第3章でも

9　人によって考え方が異なることは普通である。そのとき、妄信的かつ根拠なく自分の考えを他人に押し付けるのではなく、自分がそう考える根拠を示し、お互いに納得しあいながら共通理解を深めていく行為が哲学あるいは学問だと私は理解している。したがって、本書で述べるのは私なりに組み立てた思考法なので、可能であれば、様々な考え方の方々と語りあいたいところである。

10　この世の中はもともと名前の付いたモノゴトのよせ集まりで構成されているのではない。例えば、虹は(日本では)赤・オレンジ・黄色・緑・水色・青・紫の7色で構成されているとされるが、当然、虹は連続的に変化していて、本来7色では表現できない。

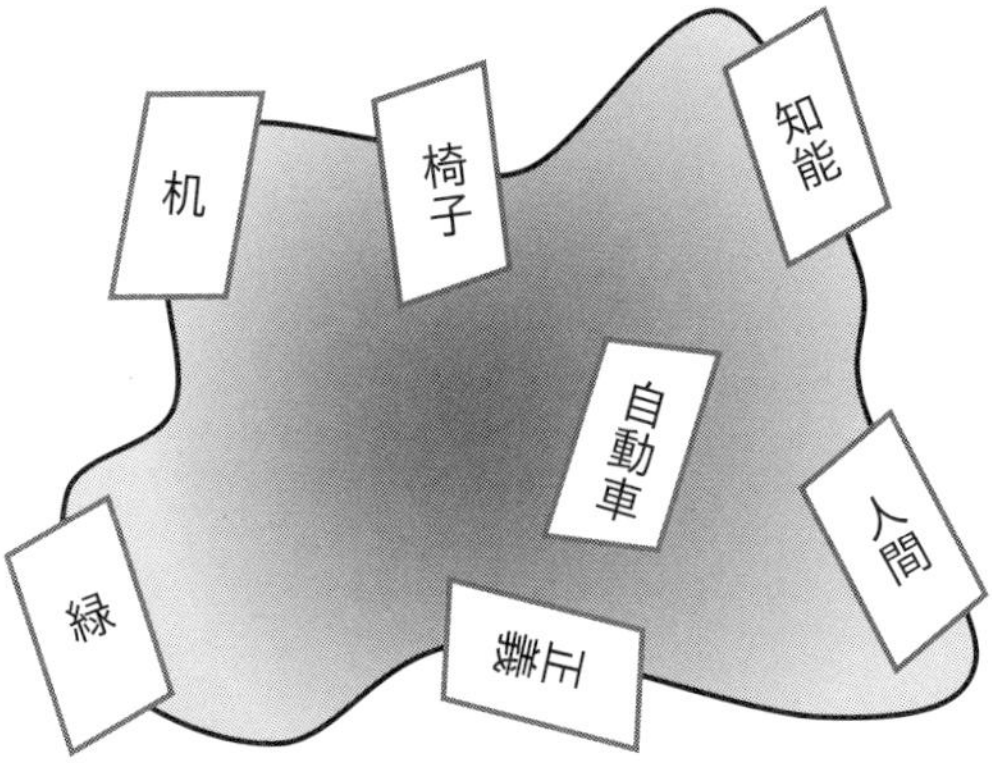

図2.7
この世の中のすべてに過不足なく名前のラベルを貼り付けることは不可能である。

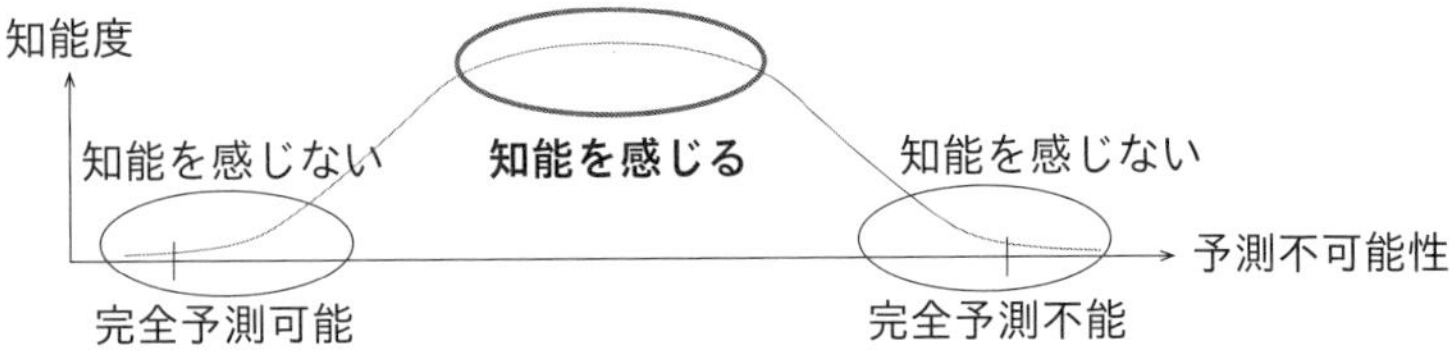

図2.8
どうやら、適度に予測不可能性がないと知能を感じないのではないだろうか？

う一度戻る)。

さて、「知能を感じるから、そこに知能が存在すると確信する」と納得するところから一歩進むと、次に「では、知能を感じる条件は何だろう?」という問いが生まれる。この問いは、さらに「その条件はなぜ生まれたのか?」「どこから生まれているのか?」という疑問へとつながってゆく。そこで「目の前の存在に対して、自分はどんなときに知能を感じるのか?」と考えてみたところ、まずは「その存在に何か意図性(合目的性)を感じたとき」かな、と思い至った。皆さんも、例えば昆虫を見て「お、こいつは向こうの草むらに行こうとしているな」と感じると、そこに知能の存在を見るのではないだろうか?

しかし、意図性さえ感じればそれで十分かというと、そうでもない。見ている間、対象からずっと同じように意図性を感じ続けると、だんだんと行動が予測できてしまい、「あ、なんだ、こいつはそう見えるように(意図性が見えるように)動きが組み込まれていただけなのか。すなわち、単なる自動機械[11]だったのか。」と思うのではないだろうか。2000年ごろ、SONYのAIBOが我が家にいた(あった?)ことがある。当時のAIBOもなかなかよくできていて、私が触るとそれに応じていろいろな反応を見せた。それを見て、「こいつは私の動きを理解して賢いな」と思い、確かに知能を感じた。ただ、数日遊び続けると徐々に知能を感じなくなっていった。さすがに当時のAIBOのシステムに組み込まれていた外界からの刺激への反応パターンは限られており、

11 あらかじめ組み込まれたプログラムに従って、最初に定められたように動くだけの機械。例えばカラクリ人形のようなもの。

だんだん彼の反応が予測可能になってしまったのだ。そうなると、知能を感じなくなった。ということは、すべての行動が予測できてしまうと、もはや知能を感じなくなるということである。どうやら、知能を感じるには、対象の行動に「予測不可能性」を感じる必要があるようだ。そうかといって、完全に予測不可能で意図性が全く見えなくなってしまうと、今度は単なるランダムな動きに見えてしまうに違いない。したがって、「知能を感じる条件は、適度な予測不可能性である」と言える（図2・8）。

以上から、「目の前の存在を見たとき、私の認識において『意図性』を感じ、かつ『適度な予測不可能性』を感じると、私はその存在に知能を感じる」と言えそうだ。

2・4

知能が生まれる源泉とは？

前節で「知能を感じる条件」を考察し、その結果、「意図性」と「適度な予測不可能性」の2つがそれに当てはまるのではないかという結論に至ったが、これらはいずれも主観的な条件である。では、知能というのは見ている側（私たち）が感じるだけの、全くの幻想の産物なのだろうか？　いやいや、それも考えにくい。知能を感じる条件があるということは、その条件が生み出される湧き出し口、すなわち「源泉」がどこかにあるはずだ。ただ、脳や神経がなくても知能を感じるということは、もしかするとそれは生き物の内部にはないのかもしれない、という疑惑が生じる。

もう一度、先に見てきたいくつかの生き物を思い出してみよう。これらの生き物にはいずれも知能を感じた。ということは、彼らは共通の「知能を感じさせる要因」を持っているはずだ。しかしそれが脳や神経系ではないことは、これまで述べてきたとおりである。それでは、彼らに共通の「知能を感じさせる要因」とは、いったい何だろう。いろいろと考えた結果、有力な候補が浮かび上がった。それは「身体」と、身体を囲む「環境」、さらにその二者から生じる「相互作用」である。この「身体と環境との相互作用」は、どんな高等生物であろうが、あるいは下等生物であろうが、すべてが共通して持っている。(図2・9)

ここで、この相互作用は、文字通り身体と環境とが接触するなどによって相互作用していないと現れない、すなわち身体が環境から離れると消えてしまう、ということに注意しなければならない。例えば昆虫と環境との相互作用を観察しようとして、昆虫の身体を持ち上げて環境から切り離してしまうと、相互作用は消えてしまう。だから、蟻塚を造っているシロアリを蟻塚から切り離してしまうと、もはや蟻塚を造っているときに感じられた知性は全く見えなくなってしまうのである。

もう少し考察を深めてみよう。知能を感じる2つの条件のうち、「意図性」はどんな

図2.9
知能を感じるすべてに共通な要素は？　それは身体と環境との相互作用だ！

ときに感じるだろうか？　おそらく、眼前のモノが何らかの方向性を持って動くときではないだろうか。生き物はもちろんであるが、ロボットなどの人工物でも、コンピュータの中にあらかじめ書き込まれたアルゴリズムによっては、いかにも自分の意志で方向性を持って動いているかのよう見えることがある。そして、同じく生き物ではないが、例えば鉄球が机の上を転がったり、星が天空を規則正しく移動したりするのを見たときにも、一瞬、意図性（合目的性）を感じることはないだろうか。もちろん物体そのものが意図を持っているわけではなく、ご存知のとおり、それらの運動は万有引力の法則や遠心力、コリオリ力などの物理的作用によって生成されているだけである。しかし、例えば万有引力は、動いている物体そのものだけではなく、もう一つの引き合う物体があって初めて生まれる。そしてその「引き合う物体」は、注目している物体から見ると、環境と見なせる。すなわち、意図性の発生源を根源まで突き詰めると、最終的に「環境」、さらに言うと「環境の形態（特性）」にたどり着くと言ってよいだろう。

では、「予測不可能性」についてはどうだろうか？　生き物があえてランダムに動いているということは考えにくい。また、意図性と同様に、人工物の行動にあえて予測不可能性を組み込むことももちろん可能ではあるが、やはり、あえて不規則に動く必然性がない。ではなぜ生き物の行動には（適度な）予測不可能性が見いだせるのだろうか？　それは、彼らの生きる環境（特に自然環境）そのものが、一般的に無限定（予測不可能）であるからだ。生き物が移動するとき、環境の無限定性に対して逆らわず、身体が自然に馴染んで移動することで、その動きに予測不可能性が現れるのである。すると、いかにもその生き物が気の利いた判断をしているかのように見える。そうであれば、予測不可能性の源泉も、やはり、そもそもその属性として無限定性（すなわち予測不可能性）を有している「環境」である、ということになる。

このようにして私は、意図性と予測不可能性の源泉はともに「環境」であると考えるに至った。すなわち、これこそが私の考える知能の正体であり、「環境こそが知能の源泉である」というのが本書の主張点である。

2・5 まとめ

本章の内容は、本書の中の心臓部である。ただし、2回の発想の転換を行っており、馴染みにくいかもしれないので、ここで改めてまとめておこう。

まず、「知能って何？」という素朴な疑問を提示した。通常は、知能とはそれを生み出す装置（生き物であれば脳であり、人工物であればコンピュータであろう）があって、その装置に「知的行動」を生み出すアルゴリズム（プログラムあるいは制御則）を書き込むことで作り出す機能だ、と認識される。ところが、実際の生き物を見てみると、あらゆる生き物に知能を感じる一方、それらすべてに脳や神経系といった知能を生み出す装置が備わっているとは限らない。むしろ、そのようなものを持たない生き物のほうが多い。ここから、第1の発想の逆転が生まれる。

第1の発想の逆転：知能が存在するから知能を感じるのではなく、知能を感じるから知能を確信するのである。

これはフッサールの現象学[12]を参考にした発想の逆転で、重要なのは、「知能が存在するから、それを見て知能を感じる」という考え方をも否定していないという点である。対象物の中に知能を発現する装置があろうがなかろうが、「それを見ている私」が知能を感じるのは確かなので、そこからモノゴトを考えましょう、と言っているだけである。そもそも私たちは、自分の意識の外（認識の外）にあることを、身体のいたるところにちりばめられているセンサからの情報を総合することによって頭の中にイメージを作り出して認識している。というより、それしか方法がない。すなわち、私たちが自分の認識の外に存在するであろう何かを捕まえることは、原理的には不可能なのである。したがって、これはすこぶる妥当な考え方であると言える。

この第1の発想の逆転を取り入れると、次に、自分自身への問いかけによって「知能

12 詳細は、例えば次の書籍などを参照いただきたい。竹田青嗣：『現象学入門』NHK出版（1989）西研：『集中講義 これが哲学！―いまを生き抜く思考のレッスン』河出書房新社（2010）

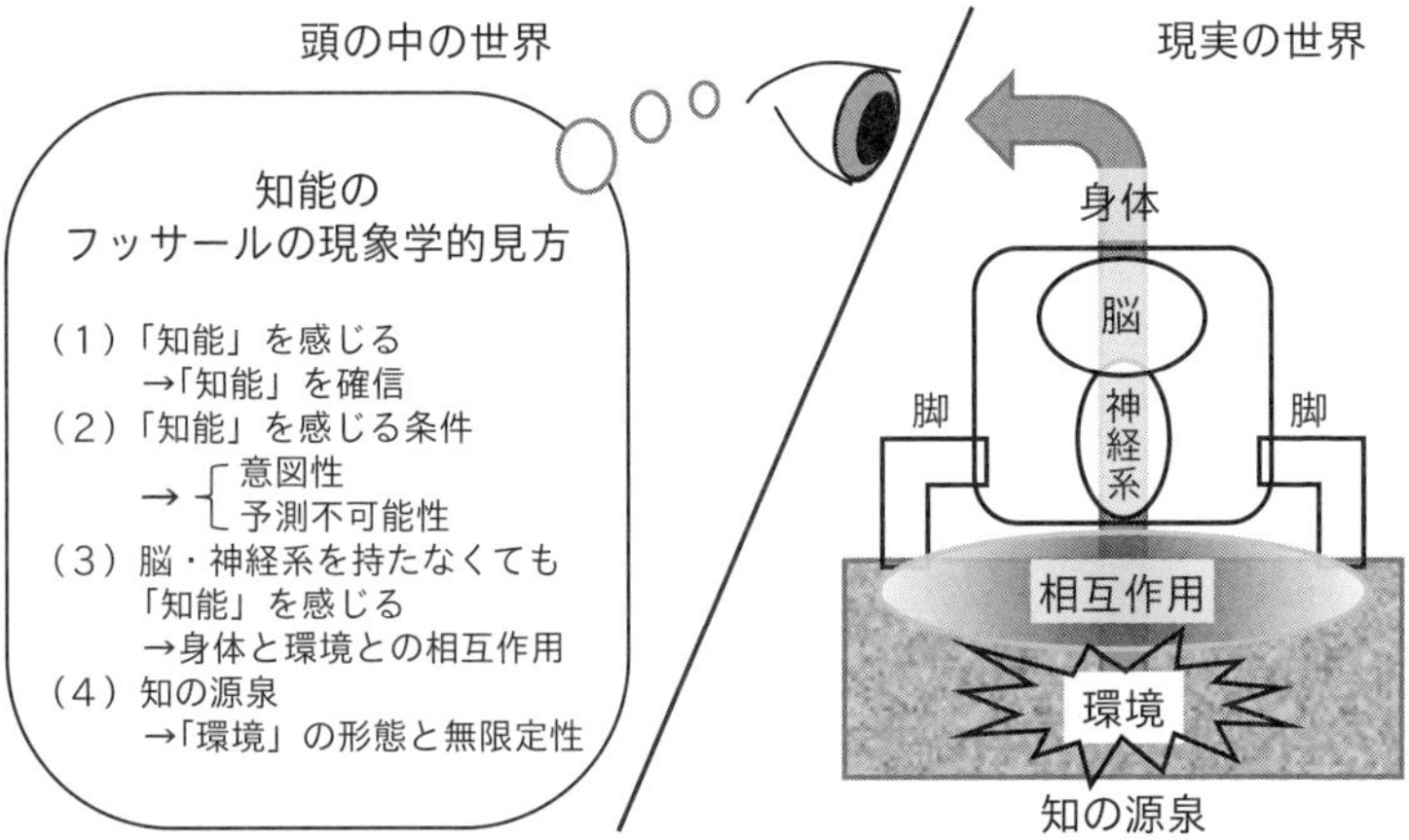

図2.10
目の前の生き物を見たときに、頭の中で何を考えているのだろう？

を感じる条件」を見定める必要が生じる。これに対しては、「(私は)目の前の注目しているモノの動きに『意図性』と『予測不可能性』を感じたときに、知能を感じる」という仮説に至った。そして、この2つの発生源はどこなのかと探し求めたところ、すべての付随的な要因を省いた結果、「そのモノが置かれている環境」に行き着いた。

以上のような考察によって、第2の発想の逆転に至った。

第2の発想の逆転：知能の源泉は脳や神経系ではなく、身体が置かれている環境である。すなわち、知能の源泉はそのモノの中にあるのではなく外にある。(図2・10)

さて、これまでにも私と同じように知能の源泉を求めた人々がいる。中でも、ロドニー・アレン・ブルックス(元マサチューセッツ工科大学)やロルフ・ファイファー(元チューリッヒ大学)らが有名である。

ブルックスは、1986年にサブサンプション・アーキテクチャ(Subsumption Architecture、包摂アーキテクチャ)という考え方を提唱し、人工知能分野に大きな影響を与えた。これは、複雑に見える知的な振る舞いは、実は多数の単純な「振る舞いモジュール(アルゴリズムの要素)」の階層的構築によって生まれる、という考え方である。当時の(いまもそうである)人工知能の研究がトップダウン的であったのに対し、この考え方はボトムアップ的であった[13]。

一方ファイファーは、知能が生まれるには、脳などの中枢神経系のみならず身体が必要不可欠である、という考え方を精力的に実証している[14]。例えば、真っ暗な部屋にいる人の人差し指に小さな点光源を付けておく。その人が適当に手をブラブラ動かすと、指に付けられた点光源は非常に複雑な運動をしているように見えるだろう。その様子を見た人は「さぞかし複雑な判断がなされているのだろう（知的に見える）」と思うに違いない。ところが、実は複雑な運動は腕の筋骨格系の構造や動作特性によって生まれただけで、脳などで複雑な運動を指令していたわけではない。すなわち、見かけの知的能力の高さと実際の知的能力との間にギャップがあって、それは身体から生まれていると考える。これがファイファーが提案しているモーフォロジカル・コンピューティング（Morphological Computing、形態学的計算）である。

もちろん、私も彼らに大賛成でその影響を大いに受けている。考え方が重なっているところも多く、対抗するつもりはない。ただ、あえて彼らとの違いを述べるならば次のようになる。まず、ブルックスは、確かに私と同じように知能の源泉を求めようとしたと言えよう。しかし、彼は身体の中のソフトウェア（振る舞いモジュール）を除去しきれなかった。確かに、常識を超えるほど単純なソフトウェアで、昆虫のように非常に複雑に動く人工物を作って見せたが、「知能の源泉」にはたどり着かなかった。それは、彼は「知能は在るのではなく感じるものだ」という立場を貫き通せなかったからだと考

13 彼の考え方は次の著書に詳細が書かれている。Brooks, R.A.（著）、五味隆志（訳）：『ブルックスの知能ロボット論―なぜMITのロボットは前進し続けるのか？』オーム社（2006）

14 彼の考え方は次の著書に詳細が書かれている。Pfeifer, R・Scheier, C（著）、石黒章夫、小林宏、細田耕（監訳）：『知の創成―身体性認知科学への招待』共立出版（2001）

える。また、ブルックスは最近ではより上位の脳機能に興味を移しており、もはや「知能の源泉を求める」という姿勢ではなくなっている。

ファイファーは、「知能のための計算は身体にさせろ」という考え方を提唱しており、単純ではあるが興味深い挙動を見せるロボットを多数開発している。その根底には身体と環境との相互作用が意識されているものの、やはりあくまでも知能の源泉を「身体」に求めており、本書での主張のように「環境」まで降りきってはいない。

また、日本にも本書の感覚に通じる思想を持っているおもしろい研究者がいる。中でも、岡田美智男氏（豊橋技術科学大学）や細田耕氏（大阪大学）などの研究には、かねてから共感するところが多い。

岡田氏は、「弱いロボット」[15]という興味深い表現を用いている。岡田氏が開発するロボットは、それ自身に埋め込まれる能力は小さく、単独では何もできない。例えば、彼が開発したゴミ箱ロボットは、ゴミ箱の底に移動機構が付いていて、適当に移動することはできるものの、落ちているゴミを自分で探して拾うことはできない。その点ではゴミ箱ロボットとしては中途半端である。でも、接する人はついついゴミを拾ってそのロボットに入れてしまう。すなわち、このロボットは自分では何もできないが、人の助けを得て、ロボットと人が一体化することでゴミ箱ロボットとして完成するのである。私は、ロボットにすべての能力を埋め込むのではなく、身体の外にその能力の補完を求めるという岡田氏の考え方に共感する。

15 岡田美智男：『弱いロボット』医学書院（2012）

また細田氏は、これまでのロボットは固いのが問題であり、真に知的なロボットを実現するためには身体の柔らかさが重要である、[16]と主張している。そして、その仮説を実証するために、柔軟なアクチュエータを積極的に用いて、柔らかいロボットを数々開発している。興味深いのは、それらのロボットには特に複雑な制御（知能）は埋め込まれていないのに、身体の柔軟性によって結果的に知的に見える運動を生み出しているという点である。この細田氏の考え方には大いに賛同している。

本書では、2人の考え方と同様、そのモノと環境との相互作用と、身体の柔軟性が知的な振る舞いを生み出す際に重要な役割を果たしていると主張している。その上で、さらに私はその考え方を極限まで進め、すべての能力を環境に委譲することで知能の源泉を突き止めようとしているのである。

以上のように、本章で、私が述べたい結論（仮説）を明かしてしまった。次章以下では、この結論に根拠を与えていく。

16 細田耕：『柔らかヒューマノイド―ロボットが知能の謎を解き明かす』化学同人（2016）

第3章

制御の「メガネ」で知能を見る

前章で、知能を感じる対象すべてに共通するのは「身体と環境との相互作用」であることを突き止めた。そしてそこからさらに大本へとたどってゆき、「知能の源泉は環境である」との仮説を示した。本章からは、この仮説を検証し、理解を深めていきたい。

しかし、先へ進む前にいったん立ち止まり、そもそも「モノゴトを理解するとはどういうことか」について、読者の皆さんと私との間で、共通認識を持っておきたい。誰かと議論しているとき、途中まで噛み合っていた話がだんだんとずれていき、最後には大きく食い違ってしまうということがある。なぜそのような状況になったのか、議論をさかのぼって検証してみると、最初の段階で重要なキーワードの認識が共有できていなかったからであった、ということが多々ある。例えば、いま何かと話題になっている人工知能などの概念は、研究者と一般の方との間で知能という単語についての大きな理解のギャップ[1]があり、それを認識せずに議論を進めていくと、話が噛み合わないことがある。途中で噛み合っていないことに気が付けばまだいいが、しばしば、最後まで気づかないままで終わり、議論が破綻することもある。そこで本書では、そのようなボタンの掛け違いを起こさないために、最初の一歩である「モノゴトを理解すること」についての認識の共有をしておこうというわけである。少々面倒かもしれないが、お付き合い願いたい。

1　人工知能と聞くと、生き物が持っている知能をすべて伝承しているかのように捉えがちであるが、実際には知能的機能の一部分を再現しているだけである。同様のことは、例えば遺伝的アルゴリズムという言葉にも起こり得る。「遺伝」という単語からは生き物が持っている遺伝機能全体を連想するが、これもある種の選択機能のみを人工的に模倣したものである。

3・1

理解するとは？

さて、「モノゴトを理解する」とは、いったいどういうことなのだろうか？　私などは単純に、「モノゴトはそれぞれ、唯一絶対の真理を持っていて、我々は理性によってその真理に到達することができる。そして、そこに到達することを理解するという。」という風に考えていた。これは非常にスッキリした考え方だと思うが、はたして本当にこのように「理解する」ことは可能なのだろうか？

物理学を例に考えてみよう。1687年に、アイザック・ニュートンが『自然哲学の数学的諸原理』[2]を出版した。これによりニュートン力学が完成し、それ以来、多くの人々は、あらゆる物体の運動はニュートン力学によってすべて説明できる（真理を掴んだ）と考えていた。ところが、1905年にアルベルト・アインシュタインが特殊相対性理論を提唱し、光速に近い速度で運動している物体の場合には、ニュートン力学ではなく相対性理論を用いなくてはその挙動をうまく説明することができない、ということがわかった。すなわち、ニュートン力学は「真理」ではなく「近似」だったのである。では相対性理論こそが真理だったのかというと、そうではない。ミクロなサイズ、すな

2　略称『プリンキピア』。例えば、次の書籍などを参照いただきたい。
和田純夫：『プリンキピアを読む―ニュートンはいかにして「万有引力」を証明したのか？』講談社（2009）

わち原子の大きさにまで目を向けると、今度は量子力学[3]の考え方を取り入れなくてはならないのである。しかし、量子力学でも完全に真理を掴めるわけではなく、素粒子論や超弦理論といった、新しい理論が次々と生まれている。最近では「人類は、この宇宙のことを全体の5％程度しか理解できていない」とすら言われている。

また、原子や電子は小さな球体として表現されることがあるが、実際にどんな姿をしているかはわからない。少なくとも実態のある球ではなさそうだ。さらに言うと、人類は実際に物体としての原子や電子を発見したわけではなく、様々に観察された「状況」に「原子」や「電子」と名前を付けたにすぎない。もっと身近な例で考えてみよう。目の前に青色のペンを差し出されて、「このペンの本当の色は何色ですか？」と問われたら、どう答えるだろうか？　「青色のペン」は、目の前のペンにすべての色の光が混じった可視光線が当たり、青色の光が反射して、それが見ている私の目の中に入ることでペンの色が青いと認識する、ということにすぎず、すなわち、ペン自身が「青色」を持っているとは言えない。そもそも、どのようなものであっても、それそのものが持つ色というのがあるのかどうかはわからない。これと同じようなことは、以下に引用する寺田寅彦のエッセー「化け物の進化」[4]にも登場する。

> 昔の人は多くの自然界の不可解な現象を化け物の所業として説明した。やはり一種の作業仮説である。雷電の現象は虎の皮の褌《ふんどし》を着けた鬼の悪ふざけとして説明

3　1930年ごろに完成された力学で、微視世界では、光や電子などに「粒子」としての振る舞いと「波」としての振る舞いが見られることを理論づけた。

4　『寺田寅彦随筆集：第二巻』（小宮豊隆編）、pp.193-206、岩波書店（1992）

されたが、今日では空中電気と称する怪物の活動だと言われている。空中電気というとわかったような顔をする人は多いがしかし雨滴の生成分裂によっていかに電気の分離蓄積が起こり、いかにして放電が起こるかは専門家にもまだよくはわからない。……(中略)……結局はただ昔の化け物が名前と姿を変えただけの事である。

以上の例から見えてくるのは、モノゴトに真理が存在するかどうかは定かではなく、存在したとしても我々人類には到達できそうもないということである。では、私たちは、目の前のモノゴトを理解することにはお手上げで、なす術もないのだろうか？いや、そんなことはない。人類はこれまで、眼前の状況をなんとか把握するために、仮説と理論（ある意味でモデルである）を構築し、できるだけうまくその現象を説明しようと努力してきた。それが科学的態度であり、私たちがモノゴトを理解するための有力な方法である。ただし、そのとき大事なのは、その考察の向こうに真理を想定すべきではないということである。かつて私は単純に真理の存在を信じていたのだが、現代哲学では、そうではないと考えられており、いまでは私もそれに賛同している。これから、この思想の拠り所になる大切な考え方を2つ取り上げる。1つ目は、第2章でも触れた「フッサールの現象学」である。以下に、竹田青嗣氏による解説[5]を引用する。

このように、ヨーロッパの近代哲学では、「真理」の概念はなんらかのかたちで、

5 竹田青嗣：『自分を知るための哲学入門』、p.68、筑摩書房（1993）

人間の認識とかかわりなくそれ自体として存在する世界の客観なるものと対応するものとして思い描かれていたことがわかる。

しかし、フッサールではこのような「真理」の概念は完全に転倒されている。彼の考え方の中で特に重要なのは、主-客の「一致」としての「真理」という図式の代りに、主観の間（相互主観的な）の「妥当」という図式を導き入れた点である。「妥当」とは、要するにそれぞれの確信の一致、相互的な納得ということだ。

このフッサールの現象学の考え方は、それまでの二元論的考え方において不可避な「主観はいかにして客観と一致するか」という問題に対して、納得できる解決策を提唱している。すなわち、私たちが素朴に客観（あるいは絶対的真理）だと思っていることは実は主観的産物で、みんなが納得しあえる妥当な（相対的）概念なのであり、「真理とは唯一絶対的な存在ではない」ということである[6]（図3・1）。

2つ目は、以下に引用する戸田山和久氏による科学哲学の考え方である[7]。

……そこで次に考えてみなければならないのは、より良い仮説やより良い理論とは何か、という問題です。

この問いに対するダメな答え方は、「真理に近い理論がより良い理論である」というものです。この世界の真実、本当のありさまに、より近い仮説がより良い仮説

6 フッサールは、個人同士の主観的世界が全く関連なく存在するのではなく、何らかの確信を持って重なっていることを確認しあえることを考察している。それを「間主観性」という。

7 戸田山和久：『「科学的思考」のレッスン―学校では教えてくれないサイエンス』、pp.32-54、ＮＨＫ出版（２０１１）
本書は石黒章夫氏に紹介してもらった。

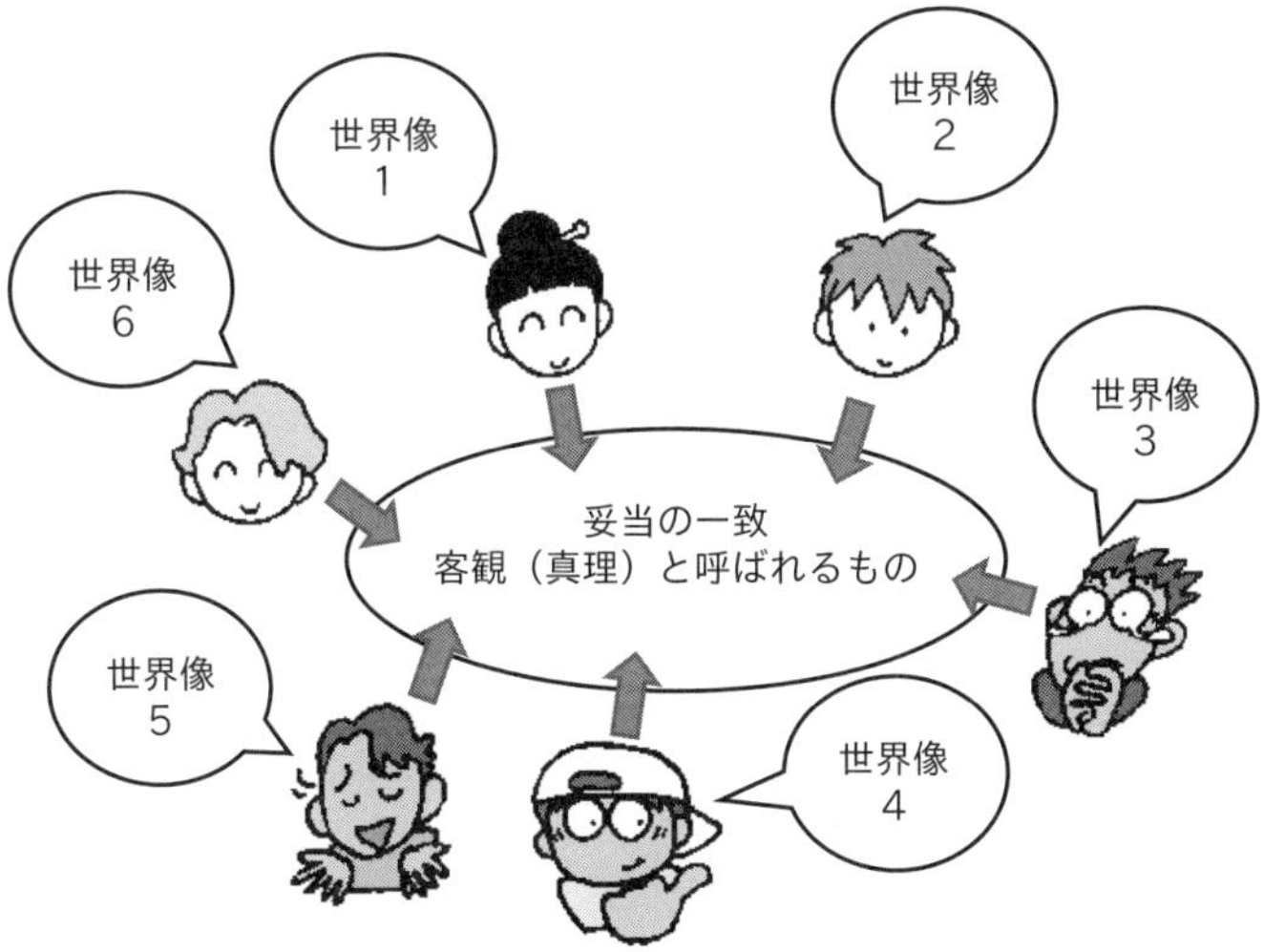

図3.1
「真理」とは唯一絶対的な存在ではなく、みんなで納得しあうことで生まれる「妥当の一致」である。

であり、より遠い仮説がより悪い仮説である。一見もっともらしいけれど、この考え方は使い物になりません。

なぜかというと、ある理論や仮説と、この世界の真理（本当のありさま）を見比べて、近いとか遠いとか判断できるような視点はありえないからです。……

……（中略）……

より良い仮説や理論の基準をまとめて示しましょう。

①より多くの新奇な予言を出してそれを当てることができる。

②アドホック（その場しのぎ）の仮定や正体不明・原因不明の要素をなるべく含まない。

③すでに分かっているより多くのことがらを、できるだけたくさん／できるだけ同じ仕方で説明してくれる。

もっとあるかもしれませんが、この三つが主な基準だと思います。

この考え方もまた、「真理は唯一絶対的な存在ではない」というフッサールの現象学と共通しており、現在の私にはピッタリとはまるものであった。

このように、モノゴトを理解するとは、妥当な仮説や理論を構築して、皆でそれを検証しあう行為を継続していき、お互いに納得しあうことだと腑に落ちた。ただし、私たちはモノゴトのすべてを同時に見ることはできず、どうしても自分の「視座（見方）」

を持たざるを得ない。重要なのは、その視座を明確に宣言した上で議論しなくてはならないという点である。

以上をまとめると、「モノゴトを理解するとは、何らかの視座（見方）でそれを見て、仮説と理論を構築し、それを検証することによってお互いに納得しあうこと」であると言える。次節では、この解釈における基本となる「視座」について述べる。

3・2 メガネ（視座）とは？

私は「モノゴトを何らかの視座で見る」とは、「目前のモノゴトに対して目的に応じたメガネをかけ、知りたいことをあぶり出すこと」と捉えている。例えば、図3・2のようなビクトリアハウスの置物を調べたいとする。このとき、表面の色合いを知りたければ透明なレンズのメガネ、置物の輪郭を知りたければエッジが強調されるレンズのメガネ、離散的に見たければ格子状に分割して見えるレンズのメガネ、背景を消したければ置物だけが見えるメガネというように、知りたいことごとにかけるメガネを変える。「視座」とは、このように目的に応じて適切なメガネをかけてやることだと考えてみよ

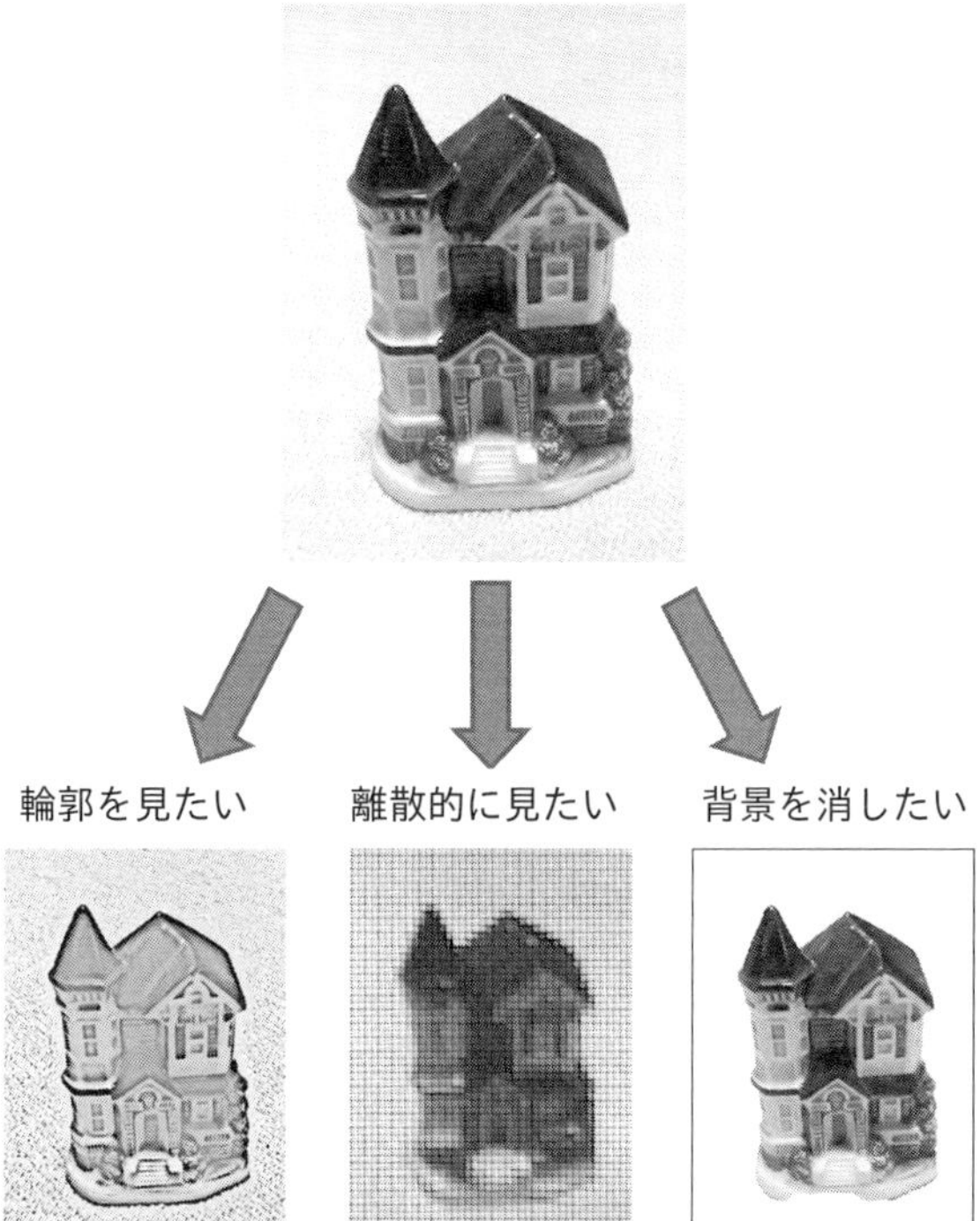

図3.2
ビクトリアハウスをどのように見たいのか？　輪郭を見たいのか、格子状に離散的に見たいのか、背景を消したいのか。それぞれでかけるメガネが違う。

う。

「視座」はどのように設定してもよいのだが、他の人に自分の視座を伝えて、受け入れてもらう必要がある。[8] 実は、他人と意見が食い違うのは、それぞれで視座が異なっていることにお互いが気づいていないからであることが多い。そのようなとき、私たちはディスカッションによってお互いの理解を確認してゆくのであるが、西研氏は、その態度こそが「学問」であると次のように規定している[9]（学問を真理の探究とはしていない）。

　まずぼくは、学問を、根拠を示すことによって同意を獲得しようとする営み（言語ゲーム）である、と考えている。——学問においては、ある問いについて答え（判断）を導くとき、単なる思いつきや推測によってではなく、そう判断しうる根拠をみずから洞察することによって導かなくてはならない。そして、問いと答えはその根拠とともに他者に示される。他者の側も、示された根拠を自分のなかで「追思惟」し、そのただしさをみずから洞察したときにのみ、その判断に同意を与えるのである。

8 ただし、趣味の世界について語るときは、一人よがりの視座で独我論的世界を構築してもよい。

9 西研：『哲学的思考—フッサール現象学の核心』、pp.75-76、筑摩書房（2005）

3・3

制御の視座とは？

ここまで述べてきたように、モノゴトを理解する際の第一歩は、自分なりの「視座」を持つことである。そしてそれは、「何を知りたいか」「どのように腑に落ちたいか」ということによって定まる。科学的態度というのは、主観を排除して世界を理解しようとすることなのに、そんな主観的な姿勢でいいのか、と気になるかもしれない。しかし、主観をすべて排除することは、対象への興味すら消し去って、ちょうどカメラで映像を撮影するようにあるがままの姿・様子をただボーッと眺めることを意味する。これでは何事も起こらず、何の理解も進まない。もちろん、最初から極端な偏見や強烈な先入観を持ってはいけないが、「何を知りたいか」という目的は持たざるを得ない。それが自然な姿である。

さて私は、生き物の知能、とりわけ「知的な行動の発現メカニズム」を知りたい（腑に落ちたい）ので、その目的に合った視座を用意する必要がある。例えば、物理学の視座でもいいし、生物学の視座や数学の視座でもいい。しかし、知的な行動の発現メカニズムを知るためには、第2章で考察したように、注目している対象物から意図性と適度な予測不可能性を感じさせる動きの発現機序をあぶり出さなければならない。そこで私は、そのためにピッタリの視座は「制御学」であると考えた。

本節では、制御学という学問を紹介し、なぜそれが知的な行動の発現メカニズムを知るという目的に合致した視座になるかを説明する。そして、制御の視座とはどのようなものかについて述べる。

(1) 制御学と制御の視座

制御とは、「注目する対象を望むように操る働き」のことをいう。[10] もう少し正確に表現すると「私が注目する対象を、私が望むように、何らかの方法で操る働き」となる。多くの教科書では、「私が」は暗黙の了解として省略されているが、この「私」という主語は非常に大切な要素である。例えば「モータを制御する」ということは、正確には「私はこのモータに注目します。あなたは注目しないかもしれませんが、私は注目するのです。」という宣言である。また、「モータの回転を制御する」は、「私はモータのシャフトの回転に注目して、それを毎分10回転になるようにしたいのです。あなたはモータのコイルの温度が気になってその温度を40℃にしたいかもしれませんが、私は違います。」という宣言である（図3・3）。

ここで、制御対象に属する様々な量（例えばモータの温度や色など）のうち、私が注目すると決めた量（先の例の場合、モータのシャフトの回転数）を「制御量（出力）」

10 大須賀公一：『制御工学』共立出版（1995）

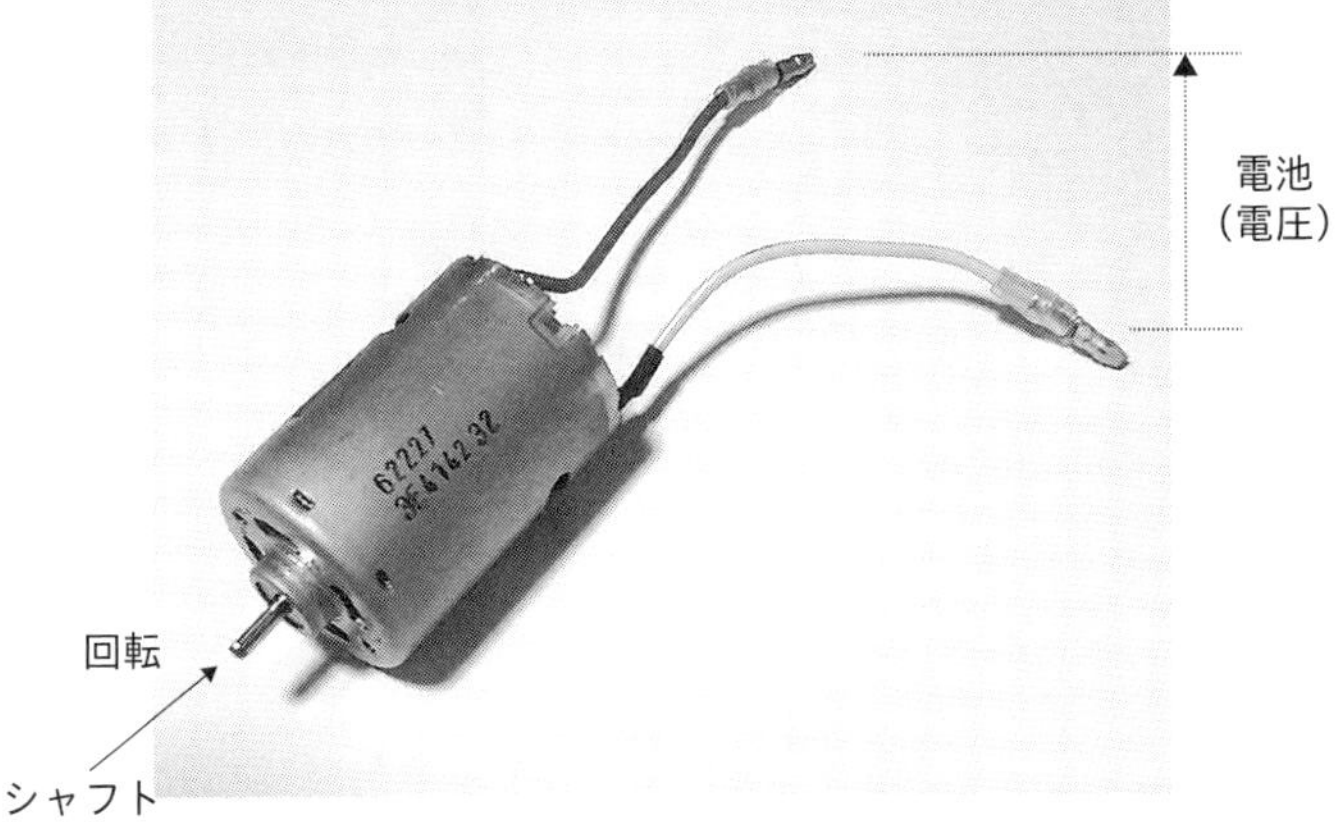

モータの概観

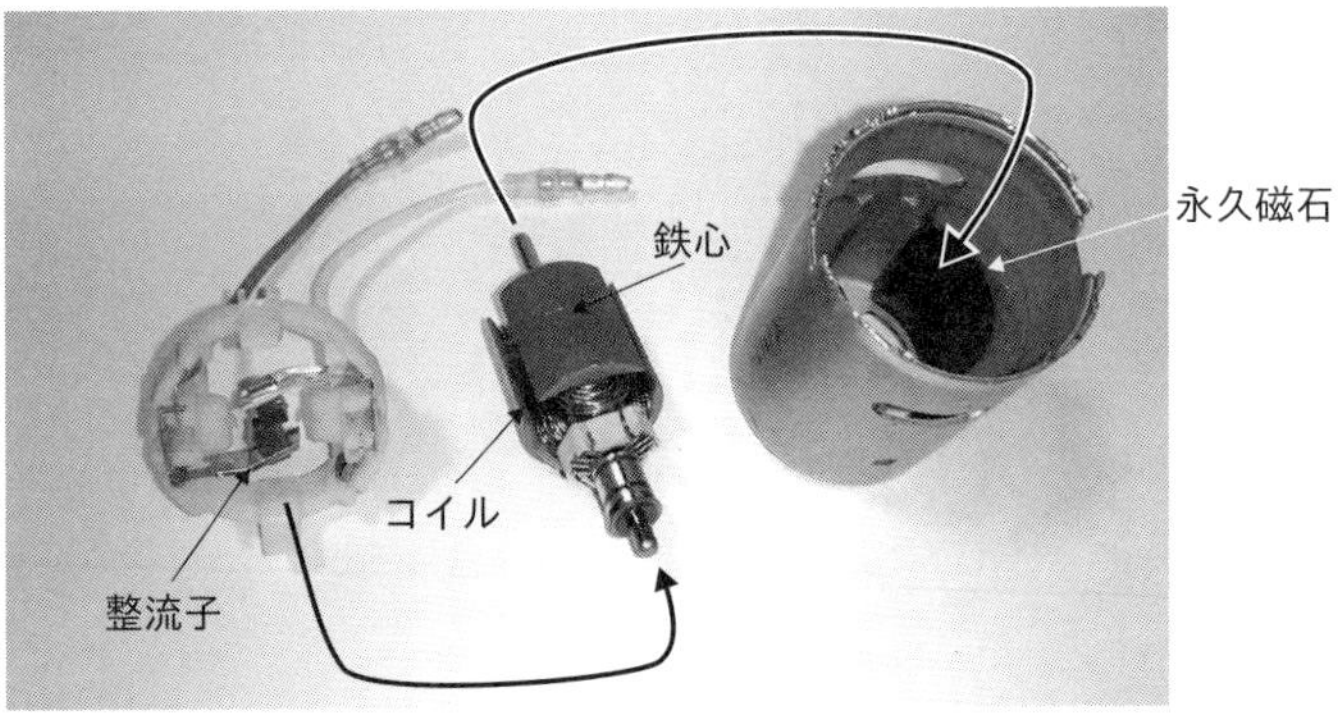

モータの内部構造

図3.3
上はモータの概観である。2本のコードの間に電圧を加えるとモータの内部に電流が流れ、結果的にシャフトがくるくる回る。下はモータの内部構造である。1対の永久磁石の間に、コイルが巻かれた鉄心が組み込まれる。コイルへの電流は整流子から供給される。

という。そして、制御対象に作用させてその制御量に影響を与えることができる量を、「操作量（入力）」と呼ぶ。モータの場合、図3・3上のように2本のコードの間に加える電圧である。

このように、「制御」という概念は思いっきり主観的な「下心[11]」の産物なのである。ただし、いったん「私が注目する対象」が決まると、それは「制御対象」と呼ばれ、同時に「制御量」と「操作量」が定められる。そして「私が制御対象に対して望む状態」が定まると、それは「制御目的」と呼ばる。さらに、「制御対象を制御目的に沿って操る方法（アルゴリズム）」が想定され、それを「制御則」と呼ぶ。こうして、うまく操りたいという「下心」は「制御工学」という数理的な学問領域で扱われはじめるのである。以上をまとめると、次のようになる。

制御対象：私が注目する対象（事物）。同時に制御量（出力）と操作量（入力）が定まる。
制御目的：私が制御対象に対して望む状態
制御則：制御対象を制御目的に沿って操ろうとするとき、それに対して有効に働く要素

このように、目の前のモノゴトに対して、「制御対象」「制御目的」「制御則」を見い

11 「私はこうしたい」という願望から始まる。下心という言い方は広島大学の小林亮氏からいただいた。

だそうとする態度のことを、「制御の視座」と呼ぶことにする。

ここで、制御則について少し補足しておこう。制御対象や制御目的は絶対的な要素ではなく相対的（人依存）であるが、制御則もまた絶対的なものではなく、制御目的に依存する。これはまさに、世阿弥[12]の「時に用ゆるをもて花と知るべし」という言葉のとおりである。この言葉は、世阿弥が記した能の理論書である『風姿花伝』[13]に書かれており、「物事の良し悪しは、そのときに有用なものを良しとし、無益なものを悪しとする」という意味である。世阿弥は、この世の物事は相対関係にあると考えていたようだ。ここでは、能における美しさ、魅力、おもしろなど様々なプラス概念を総合したものとして、「花」という言葉が用いられている。

制御工学においては、制御目的の実現に役立つもの（花）を「制御則」、逆に制御目的の実現を邪魔するものを「外乱」と呼ぶ。例えば、モータを制御対象だとして、適切に設計されたアルゴリズム（要素）を用いた制御を施すと、モータのシャフトの回転角度が0に収束したとしよう。この場合、シャフトの回転角度を測定して、その値が正であれば（角度が0よりも大きくなっているので）その値の大きさに応じてモータに負の電圧をかけ、逆に負であれば正の電圧をかける、というアルゴリズムを用いればよい。この場合、制御目的が「シャフトの角度を0にすること」ならば、このアルゴリズムは制御則になる。しかし、制御目的が「シャフトの角度を90度にすること」ならば、このアルゴリズムでは制御目的を達成できず、むしろ制御目的の達成を邪魔する「外乱」

12　室町時代前期の能役者、能作者。父親の観阿弥とともに「能」を体系化したことで知られている。

13　例えば、次の書籍などを参照いただきたい。
林望『すらすら読める風姿花伝』講談社（2003）

となる。世阿弥の言葉のように、同じ要素でも制御目的に応じて制御則になったり外乱になったりするのである。

さて、制御学には表の顔と裏の顔がある。次にその2つの顔について説明する。

(2) 順制御学の見方

(1)で紹介したのは、制御学のオーソドックスな見方である。そもそも制御工学は実際の技術的な現場から生まれた学問なので（第4章参照）、基本的には制御対象と制御目的を定めてから、それに応じた制御則を設計する。実際、大学等の制御工学の講義などでは、制御則の設計論[14]を教えるのが一般的である。このような捉え方は制御学においては標準的なものなので、「順方向の見方」あるいは「表の見方」とし、「順制御学」と呼ぶことにする。これを図3・4で表現したのが、図3・4である。まず私の頭の中で、目の前の（現実の世界にある）制御対象の制御目的を（頭の中の世界に）設定する。次に、制御対象の情報Pや環境の情報Eなどを用いて制御則Cを求めることで、制御のために構築すべき全体システムの構造（制御構造）を設計する。その結果頭の中で生まれた制御則を吐き出して目の前の制御対象に実装し、頭の中に描いていた制御構造を現実のものとして具現化する。このとき、この制御対象と制御則を合わせた全系を「制御系」と呼ぶ。したがって、順制御学においては、「私が、制御目的を達成するように設計して「制御則」を作る。自分で作るのだから、制御構造は確かにそこにある」ということに

14 制御対象の挙動を表現する数理モデルを求め、そのモデルの情報を用いて、制御目的を実現できる制御則を設計するための理論。

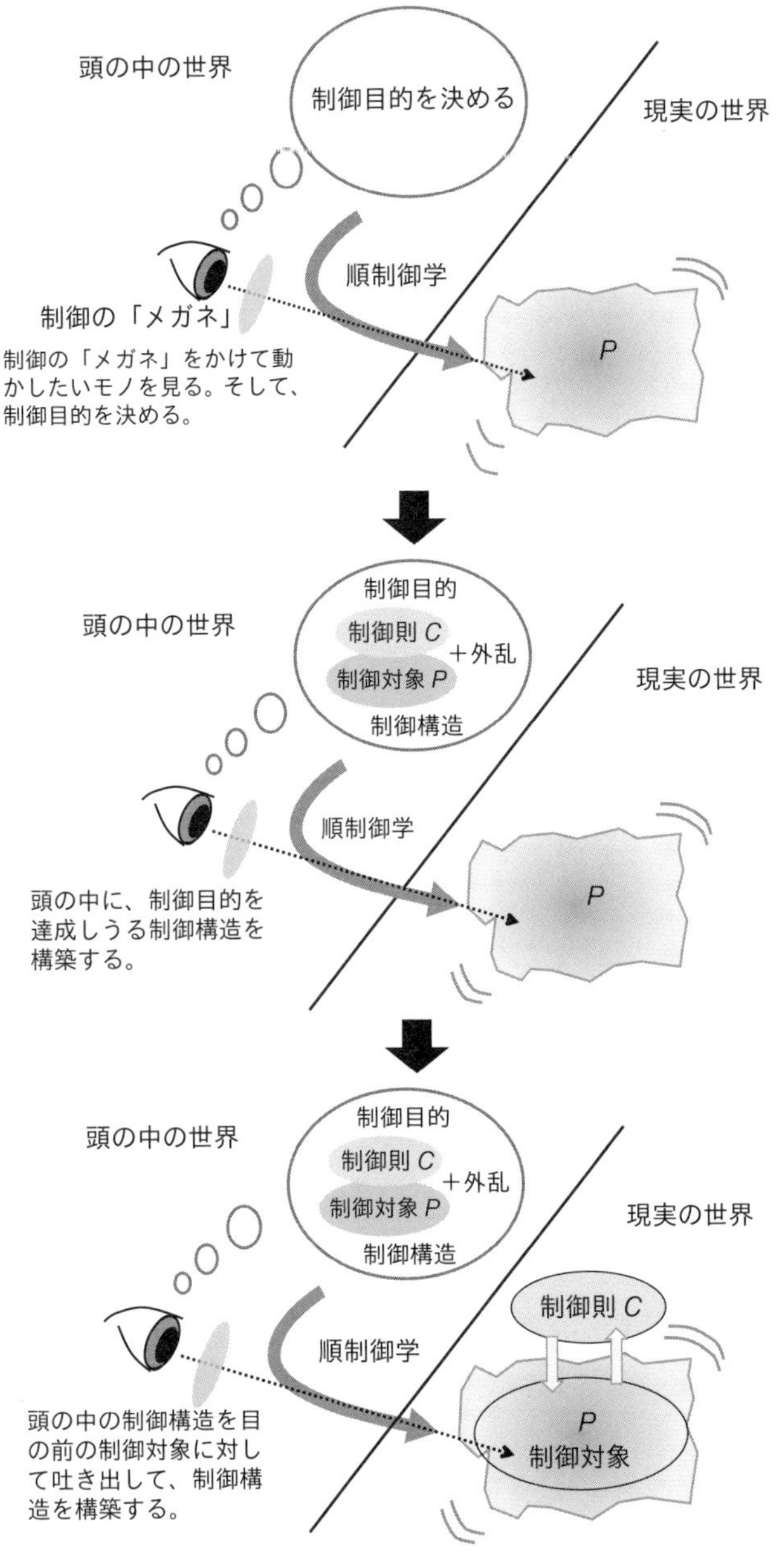

図3.4
順制御学は、頭の中で思い描いた制御構造を外に取り出して構築する作業である。

なる。

(3) 逆制御学の見方

一方、制御学には別の側面、いうなれば「裏の見方」もある。先の順制御学では、「私」は「作る立場（設計）」であったのに対して、こちらでは「見る立場（解析）」になる。まず、目の前に、例えば生き物や、私ではない誰かによってうまく動くように作られている人工物などなにやら動くモノがあり、それを見て、その動きに「意図」を感じたとしよう[15]。制御の視座でモノゴトを見ようとする「私」は、そこに制御対象、制御目的、制御則を見いだそうとする。注目している対象（制御対象）の中には、制御のための装置が組み込まれているかもしれないし、組み込まれていないかもしれない。しかし、意図（制御目的）を感じたのだから、「私」はそこにその制御目的を達成するための「制御則」を見いだそうとする（図3・5）。

これは、目の前の完成されたモノからその仕組みや機能を逆算するという、いわばリバースエンジニアリングである。この姿勢を、先の順制御学とは逆という意味で、本書では「逆制御学」と呼んでおく。この場合、「制御されていると感じるから、そこに制御構造が存在していると確信する（そこに制御構造がある・ないに関わらず）」という構図になる（ここでも現象学的考え方を用いる）。

15 例えば、第2章のクモヒトデのように、「おや？ こいつは右側に何か好きなモノがあって、そっちに行きたいのか？」と感じたとすると、このとき「意図」を感じたと言えよう。

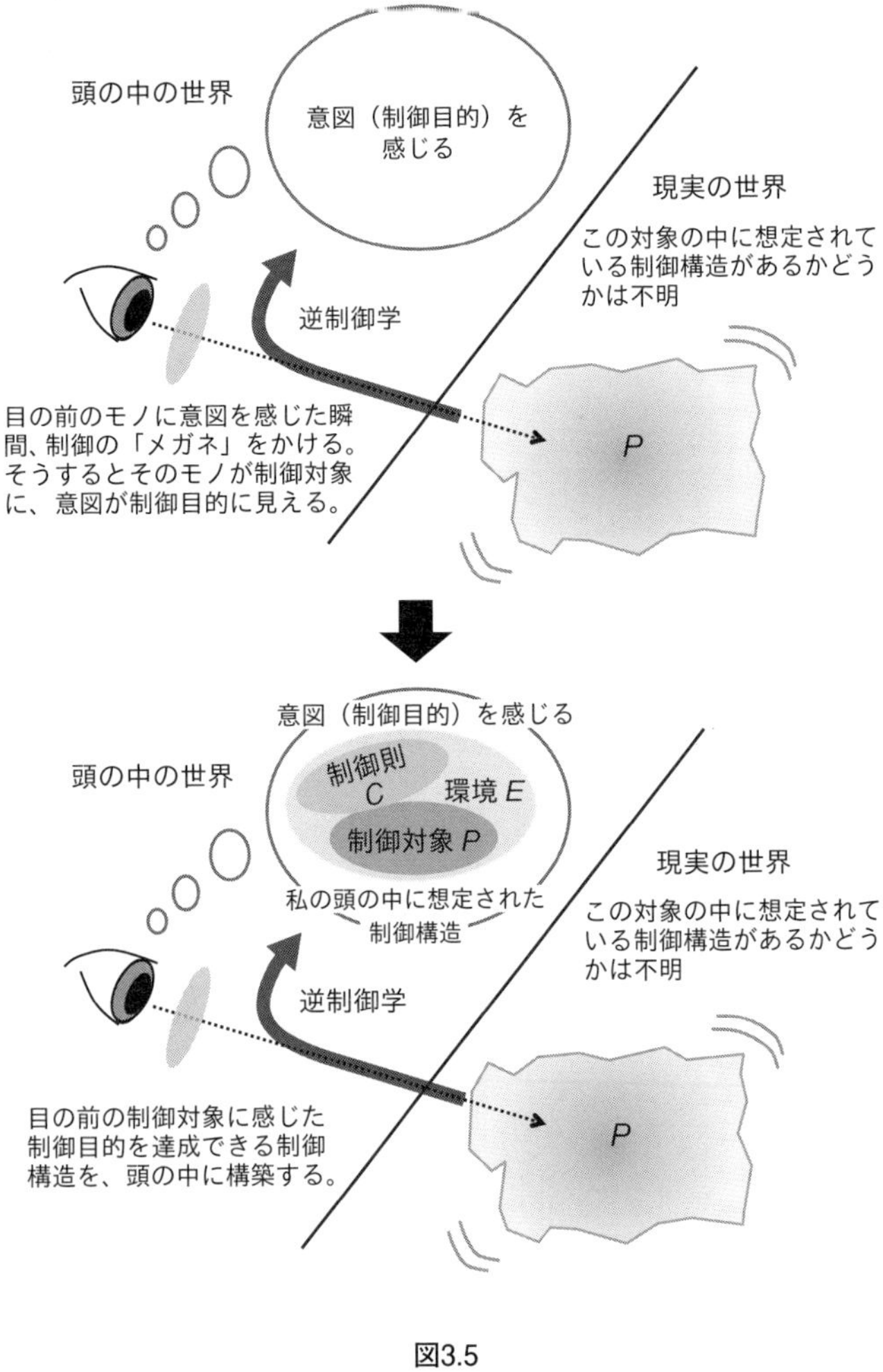

図3.5
逆制御学は、動くモノを見たとき、そこに感じる制御構造を頭の中で構築する作業である。

3・4 まとめ

本章では、「モノゴトを理解するとは、何らかの視座でそのモノゴトを見て、仮説と理論を構築することで納得を得ることである」との考え方を採用した。さらに、本書では生き物などの知的な行動メカニズムを理解するのが目的であるため、そのための視座として制御学を基礎とした「制御の視座」をとることを宣言した。

この制御学には順制御学と逆制御学という2つの方向性があり、時と場合によって自在に視点を入れ替えられるようにしておくことが重要である。最後に、順制御学と逆制御学の関係を再度まとめておこう。

目の前にある「私」が制御したい対象物（制御対象）に対して（私が）制御目的を設定して、それらの情報から制御アルゴリズム（制御則）を設計し、制御対象に装着する。この一連のプロセスを順制御学と呼ぶ。

一方、目の前に、自分が構成した制御系、他の人が作った制御系、あるいは生き物など、何かうまく動いているものがあり、そこに知能を感じたとする。そうすると、目の前にあるうまく動くモノには何らかの制御系が構成されているように見えてくる。この

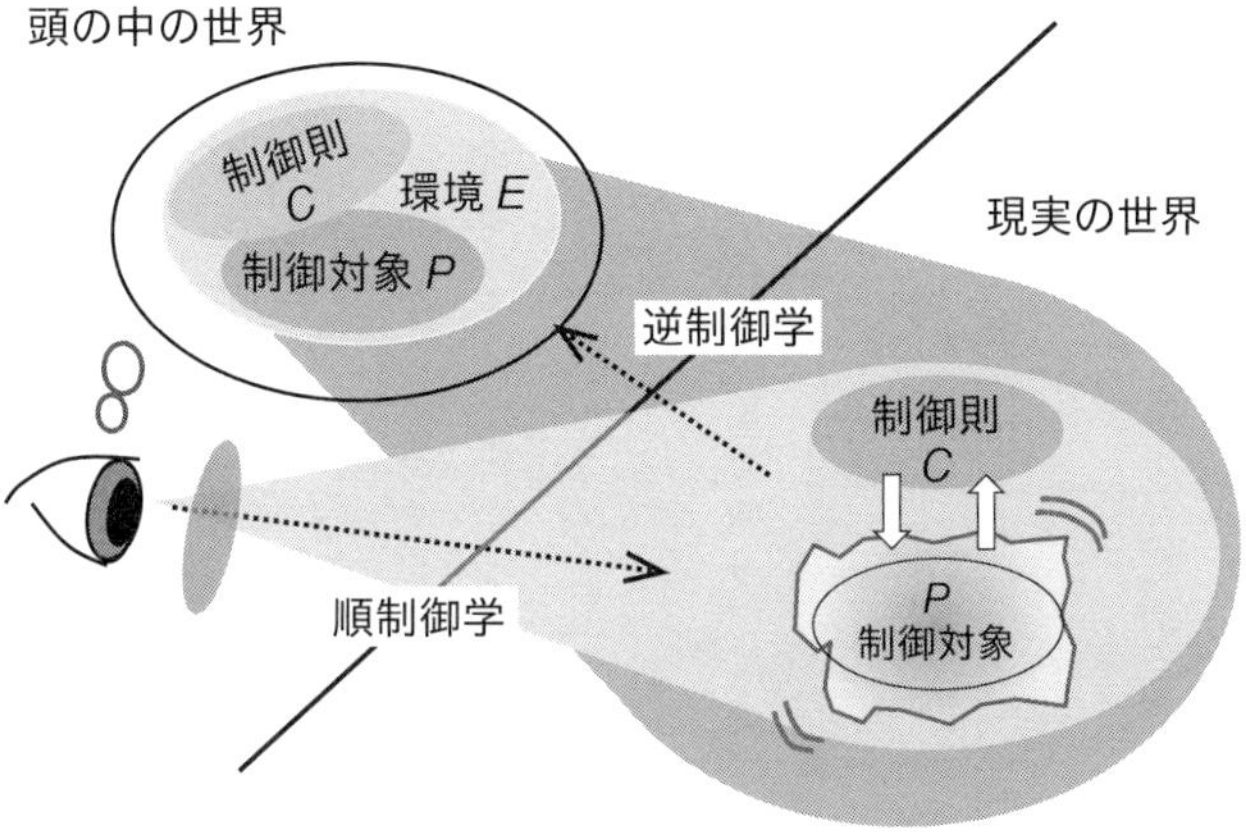

図3.6
順制御学と逆制御学の関係。

過程が逆制御学である。

このとき、順制御学と逆制御学は過不足なく一対一に可逆的に対応するのではなく、図3・6のように、逆制御学によって想定される制御系の構造のほうが広くなる傾向がある。それは、順制御学においては、環境を「私」が見ている範囲の外にある外乱として捉えるが、逆制御学においては、「私」が見ている範囲に制御対象や制御則そのもの以外の環境も同等な意味を持って含まれるからである。ここが次の章におけるポイントになる。

第４章

制御の「技」を身につける

前章までで「知能の源泉」はどうやら「環境」にあるのではないかと目星が付き、本書ではモノゴトの捉え方として「制御の視座」をとることを宣言した。そこで本章では、本書における核心的概念である「制御」について、もう一度より詳細に説明する。具体的には、4・1節では順制御学の王道であり現在の私のルーツでもある、いわゆる制御工学の基礎を説明する。続く4・2節で、私がこれまで制御工学分野で行ってきた研究をいくつか紹介する。さらに4・3節では、私が逆制御学の考え方を意識するきっかけになった出来事を2つ述べる。そして、最後の4・4節で本章をまとめる。

4・1　制御工学の誕生

「コンピュータ制御」「自動制御」「電子制御装置」などの言葉から、制御とはコンピュータや先端技術がつきものの、近年生まれた工学特有の考え方であるかのように思うかもしれない。確かに制御にはそういった一面もある。しかし実はその源流は非常に古く、人類が生まれた頃から今日まで、無意識にあるいは意識的に脈々と受け継がれてきた考え方・行為なのである。しかも、工学に限らず、医学、心理学、経済、ひいては私たちの日常生活の中にまで、非常に身近に、深く浸透している。

例えば、少々大げさかもしれないが、川の治水なども、「人間が川の流れを制御した」と考えることができる。紀元前３０００年くらいの古代エジプトでは、ナイル川の氾濫による被害が大きかった。そのため人々は、ナイル川の流れをよく観察し、川がいかにして氾濫するのかを見定め、流れが急になる側に堤防を築くなどして川の流れを操り、氾濫を防いだ。治水である。[1] このように人類は、川の流れを制御しはじめたのである。私たちから見て、川が制御対象、川の流れが蛇行しない、というのが制御目的、堤防を築く方策が制御則である。

もう少し身近な例を考えてみよう。学校の教室を思い描かれたい。そこには先生と生徒がいて、先生は理科を教えているとする。このとき先生は、生徒の頭の中の「理科がわかったかどうかの度合い」を「わかったという状態」まで持っていきたいと思っており、そのために生徒に語りかけたり、黒板に文字や絵を描いたり、場合によっては身振り手振りを交えながら働きかける。先生から見て、生徒が制御対象、生徒に理科がわかったと思わせることが制御目的、言葉や身振り手振りで教える方法が制御則である。このように見ると、理科の授業は制御が行われている場面であると言える。

また、制御という概念をさらに広く捉えると、自然界には元来制御の働きが存在していると見ることもできる。例えば、自然界では、食物連鎖と呼ばれる食物エネルギーの移動によって生物の個体数の均衡が保たれている。まず植物が草食動物に食べられ、そ

1　秋道智彌（編）：『水と文明―制御と共存の新たな視点』、pp.88-89、昭和堂（２０１０）

の草食動物を肉食動物が捕食する。そして、動物の糞や死骸が植物に養分を与える。この食物連鎖において、何らかの原因で一時的に草食動物が減少したとすると、それを餌とする肉食動物も減少する。その結果、天敵が減少した草食動物が増加し、もとの数に復元する。このことは、「自然界は食物連鎖という制御則を用いて、生物の個体数が一定になるよう常に制御している」と捉えることができる[2]。その他、より規模の大きなものの例としては太陽系や宇宙全体、逆に小さなものの例としては原子の世界なども、ある法則に従って（自然界によって）制御されていると見なすことができる[3]。

このように、一見何の共通点もない対象（現象）も、「制御」というキーワードで切り込んでみると（制御の視座で見ると）、いずれも制御対象・制御目的・制御則を想定することができ、統一的に捉えられることが理解できよう。そこに注目して、このような自然の摂理を人類に有益な「技術」として活用し、「工学」として体系づけた結果生まれたのが「制御工学」である。そして、「モノゴトの動きを数学的に表現し、その挙動を数理的に解析する態度」が、現代の制御工学を生み出した源流なのである。

(1) 制御工学小史

ではここで、制御工学が成立した歴史的な流れを簡単に見ておこう。本書は制御工学の教科書ではないので、詳細な説明は省略するが、本書の主題を説明するために必要と思われる部分を簡単に紹介しておく[4]。

2 自然界から見て、動植物全体が制御対象、個々の個体数を一定にしたいというのが制御目的、捕食者と非捕食者との力関係を定めることが制御則である。

3 宇宙から見て、個々の星々が制御対象、それらの軌道が安定していることが制御目的、万有引力の法則が制御則である。

4 大須賀公一・足立修一：『システム制御へのアプローチ』コロナ社（1999）

制御工学の源流は2つある。そのうちの一つは、機械工学的分野からの流れである。

1776年、英国のジェームズ・ワットにより蒸気機関（エンジン）が実用化され、産業革命が幕開けした。しかし、当時の蒸気機関は性能が低く、出力軸の回転速度にムラ（脈動）が生じることが多々あった。これにより蒸気機関によって動かされている様々な機械の動きにもムラが生じるため、その結果、それらが生産する製品の品質にもばらつきが生まれ、問題となっていた。そこで、1788年、ワットは蒸気機関に遠心調速機（速度調整機：ガヴァナ）[5]を組み込んだ（図4・1）。遠心調速機には、遠心力やテコの原理などの物理学的な現象が（直感的に）利用され、その目的は、蒸気機関の回転速度のムラを取り除き、出力軸から常に一定回転速度を実現する回転トルクを取り出すことである。言い換えると、遠心調速機によって、蒸気機関の出力軸を定速で回転するように制御しようとしたのである。

ところが、確かに遠心調速機を用いると出力軸の回転速度のムラは減少したが、ときどき、「ハンチング」と呼ばれる不安定現象が発生した。この問題点に対処するために、蒸気機関の様々な機構に改良が加えられたが、遠心調速機そのものに興味を持つ研究者は少なかった。そのような状況の中、遠心調速機の特性に注目し、その動きを数理的に研究したのが、電磁気学でも有名なジェームズ・クラーク・マクスウェルである。マクスウェルは、遠心調速機の運動を3階の微分方程式で表現し、その振る舞いを微分方程式の解軌道の挙動として解析を行った。[6] その結果、ハンチングを起こさない遠心調

5 遠心調速機は、回転する軸のまわりに付いている2つのおもりが、遠心力によって外側に振れることを利用する。軸の回転数が高すぎるとおもりが外側に振れ、その動きがリンク系を伝わって蒸気機関のスロットルを閉めるように作用する。逆に、軸の回転数が低すぎるとおもりが内側に降りてきて、その動きはスロットルを開くよう作用し、結果的に回転数は一定になる。

6 Maxwell, J.C.: on Governors, *Proc. of the Royal Society of London*, Vol.16. pp.270-283 (1886).

蒸気機関（左下部分が蒸気エンジン）

遠心調速機（ガヴァナ）

図4.1
1770年、ジェームズ・ワットは蒸気機関に遠心調速機を装着した。

速機の構造を理論的に求めることができるようになった。

もう一つの源流は、通信工学的分野からの流れである。現在世界中で普及している電話技術は、1876年にアレクサンダー・グラハム・ベルが取得した電気式電話機の特許から誕生したと言えよう[7]。その後、様々な電信電話技術が発展し、米国では1900年頃に大陸横断長距離電話が開通した。一方で、伝送距離が長くなるにつれて、音声から変換されてケーブルの中を伝わる電気信号が減衰するという問題が顕著になってきた[8]。これは、会話や情報が正しく伝わらないことを意味し、この問題を解決するために電話中継器が発明された。その中で重要な役割を果たすのが、信号をフィードバックすることによって伝えたい信号の大きさを増幅する「負帰還増幅器（フィードバック増幅器）」という装置である。この装置をうまく作動させるためには様々な電気部品の特性を決める必要があり、ここでもやはり信号の挙動を数学モデルで表現するという、数理的手法が用いられた。

このように機械工学的技術と通信工学的技術の発展からそれぞれ生まれた理論解析が合流し、1940年ごろから制御工学の根幹になる制御理論が生まれていった。制御理論とは、適切に制御系を構成するための理論であり、この頃に生まれたものは、現在では「古典制御理論」と呼ばれている。そして1960年代に入ると、数学の世界から制御工学へアプローチする流れが生まれ、その頃に生まれた制御理論は「現代制御理論」と呼ばれている[9]。その後、現在に至るまで制御理論は発展を重ね、鉄鋼業、化学プラン

7　US174465 (A)—1876-03-07, Alexander Graham Bell: "Improvement in Telegraphy" filed on February 14, 1876, granted on March 7, 1876.

8　金属で作られたケーブルにはいろいろな電気特性がある。さらに、そこに流れる電流波形の周波数によっても、その特性は変化する。そのために、ケーブルを流れる電流は理想どおりには流れず、波形が変形したり、熱となってエネルギーが放出されてしまい信号が減衰したりする。

9　ここでいう古典・現代とは、時代遅れ・近代的という意味ではなく、あくまでも誕生した時代が前か後かという意味である。

ト産業、自動車産業、航空宇宙産業、ロボット・メカトロニクス分野、医工学分野などにおいて、広く分野横断的な工学分野を形成した。

(2) 制御の方法

さて、制御の方法には大きく分けて「フィードフォワード制御」と「フィードバック制御」の2種類がある。ある制御を試みたとき、制御対象や環境、さらには外乱に関する情報が明らかになっていれば、それらの事前情報からあらかじめすべての操作量（入力）を計画することができ、そのとおりに制御対象に入力を加えることができる。これをフィードフォワード制御という（図4・2上）。この方法は手軽に実現でき、得られた事前情報がすべて正しい場合には有効であるが、そうでない場合にはうまく制御できない。

それに対してフィードバック制御では、実際に制御した結果（出力）をセンサなどで観察し、その値と制御目的を比較して制御誤差を求める。そして、その誤差が少なくなるように制御対象への入力を定める。すなわち、フィードバック制御は図4・2下のように、常に制御した結果を反省するので、事前情報の不正確さや、外乱などの予期せぬ様々な出来事があっても制御目的を達成できるという長所を持っている。

ただし、元来（5・1節で述べるように）制御対象は環境の中にあり、両者は相互に作用しあっているが、「制御対象の出力を、定められた目標値に追随させる」という制

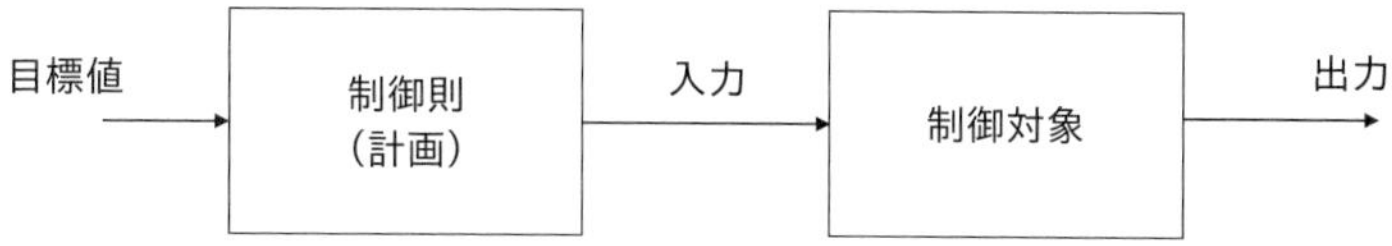

フィードフォワード制御の構造

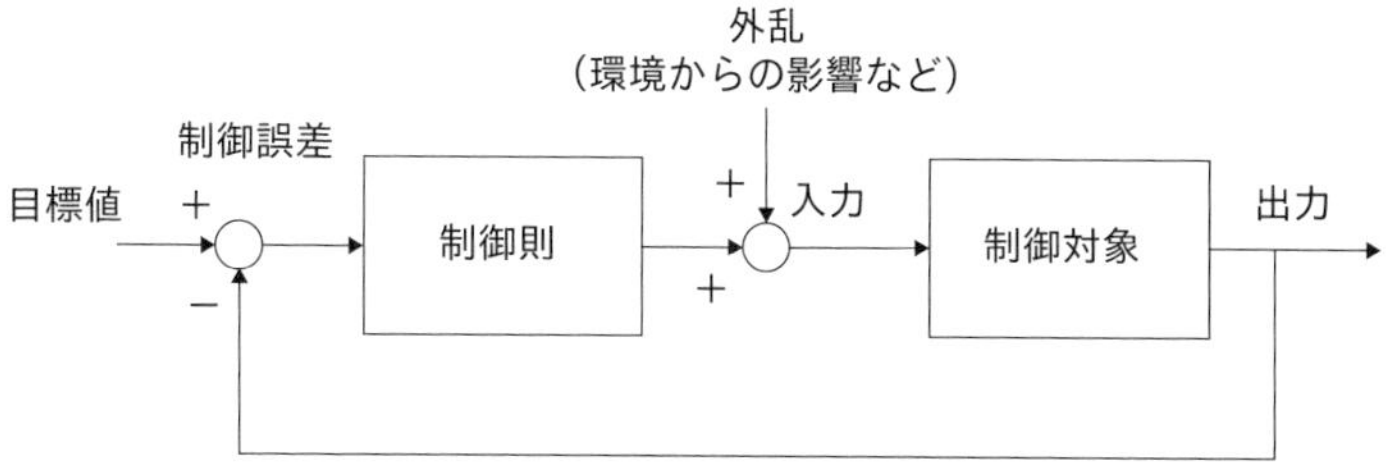

フィードバック制御の構造

図4.2
フィードフォワード制御とフィードバック制御

御目的を実現するためには、環境からの影響は邪魔な要因であると見なし[10]、それを「外乱」と定めるほうが考えややすかった。実際、環境を考察の外に追いやった結果、制御則の設計は環境には依存せず制御対象の情報のみに依存することとなり、数理的に整然と制御理論を体系化することができた。そのかわり、この考え方のもとでの制御則の設計指針は「環境からの影響が少々あってもビクともしない性能を得ること」としなくてはならなくなり、その結果「ロバスト制御理論[11]」や「適応制御理論[12]」などが大きく発展した。中でも1990年代に確立されたH^∞制御理論[13]は、ロバスト制御理論の主要理論である。ポイントは、モデル化誤差の存在を最初から想定して、その大きさをH^∞ノルムという尺度を用いて定量的に見積もる点にある。H^∞制御理論は、その情報を踏まえて制御則を設計する理論で、結果として、想定されたモデル化誤差があっても制御系の安定性が保証される。

4・2 モデルに基づく制御

さて私は、前節のように工学分野において制御工学が整備されて以降の時代に制御理

10 「環境は敵である」と考える。

11 例えば、次の書籍などを参照いただきたい。木村英紀・藤井隆雄・森武宏：『ロバスト制御』コロナ社（1994）

12 例えば、次の書籍などを参照いただきたい。Landau, I. D.、富塚誠義：『適応制御システムの理論と実際』オーム社（1981）

13 例えば、次の書籍などを参照いただきたい。美多勉：『H^∞制御』昭晃堂（1994）

論を学んだ。したがって、制御問題とはすなわち順制御学（制御則の設計問題）であり、そのために、いかにして制御対象の詳細な性質を把握し（モデリング）、環境からの影響を的確に外乱として捉えるかが重要であると常に考えていた。そんな私にとっての順制御学の集大成の一つが、図4・3のマニピュレータの制御である。これは私が東芝総合研究所に勤めていたときに開発した、7自由度ダイレクトドライブマニピュレータ[14]（DDマニピュレータ）DARM-2[15]である。図4・3は1986年の写真で、このマニピュレータが壁打ちピンポンをしているところである。制御則は次のように設計し、CPUボード7枚で構成された並列計算機内に実現した。

①マニピュレータシステムは、ピンポン球の弾道を観察できる簡単な視覚システムを持っている。そこでまず、マニピュレータシステムの上部から打ち出されたピンポン球の飛行軌跡を検知し、前方の壁に当たって跳ね返ってくる軌跡を予測する（ピンポン球軌道推定）。

②ラケットでどのようにピンポン球を打ち返せば壁打ちピンポンが持続するかを計画する（ラケット運動計画）。

③計画された手先軌道から7つの関節の軌道を求める（逆運動学[16]）。

④すべての関節の角度が先に計画された目標角度軌道に追従するように、制御則を設計する（制御則：運動制御）。

14 モータで駆動するマニピュレータには、十分な関節トルクを得るために減速器付きモータを使用することが普通であったが、1980年代に、当時カーネギーメロン大学に在籍されていた浅田春比古氏が、高トルクを発生できるモータを用いて、減速器を用いないタイプのマニピュレータを開発した。それがダイレクトドライブマニピュレータである。

15 東芝、1985年。多関節型マニピュレータにおいて、すべての関節情報（角度、角速度など）からそのときの手先の位置・方向などを求める問題を「順運動学問題」、逆に、マニピュレータの手先情報（位置、方向など）からその姿勢における関節情報を求める問題を「逆運動学問題」と呼ぶ。

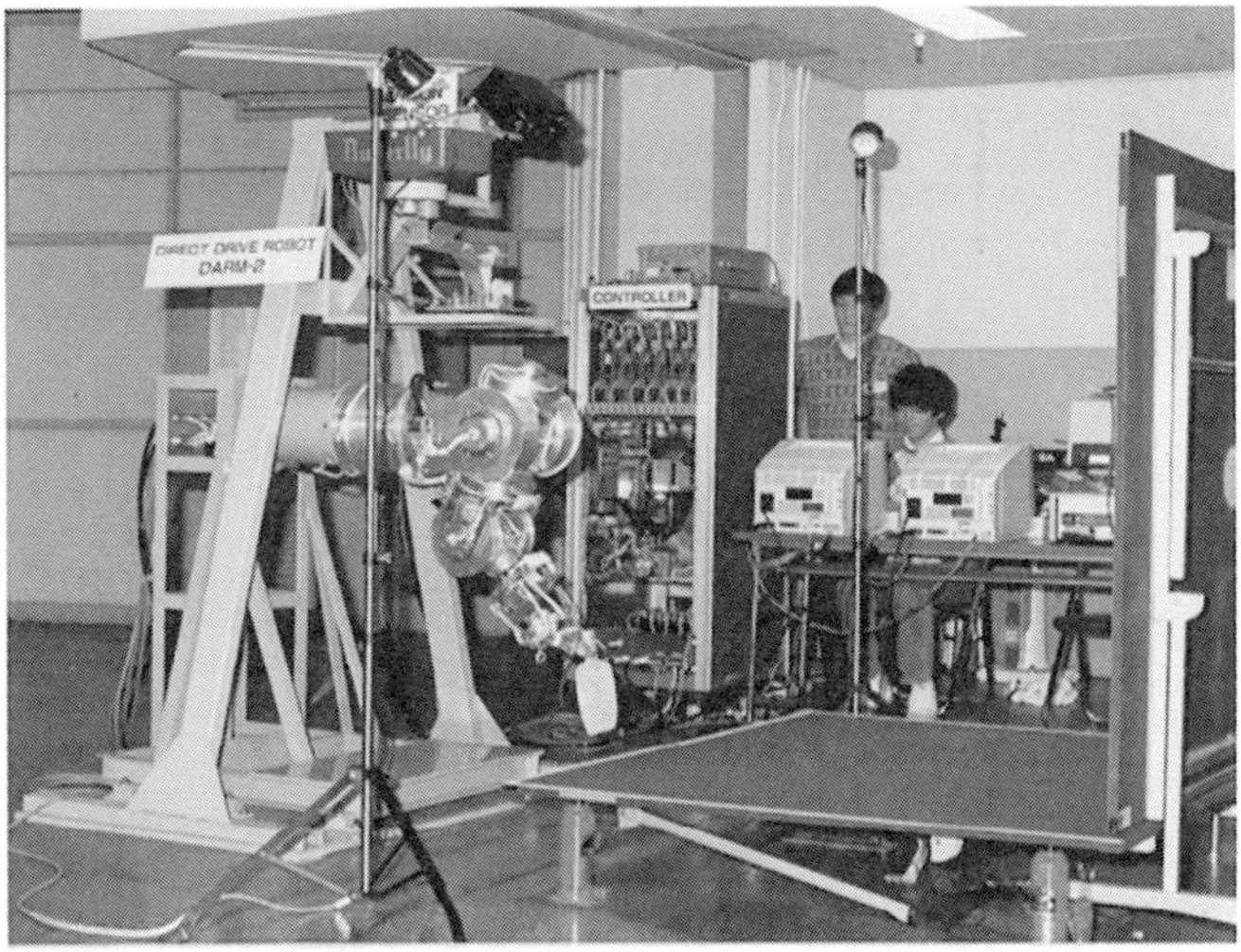

（株）東芝提供

図4.3
東芝に勤務していた頃に開発した、７自由度ダイレクトドライブマニピュレータ：DARM-2(1986)。

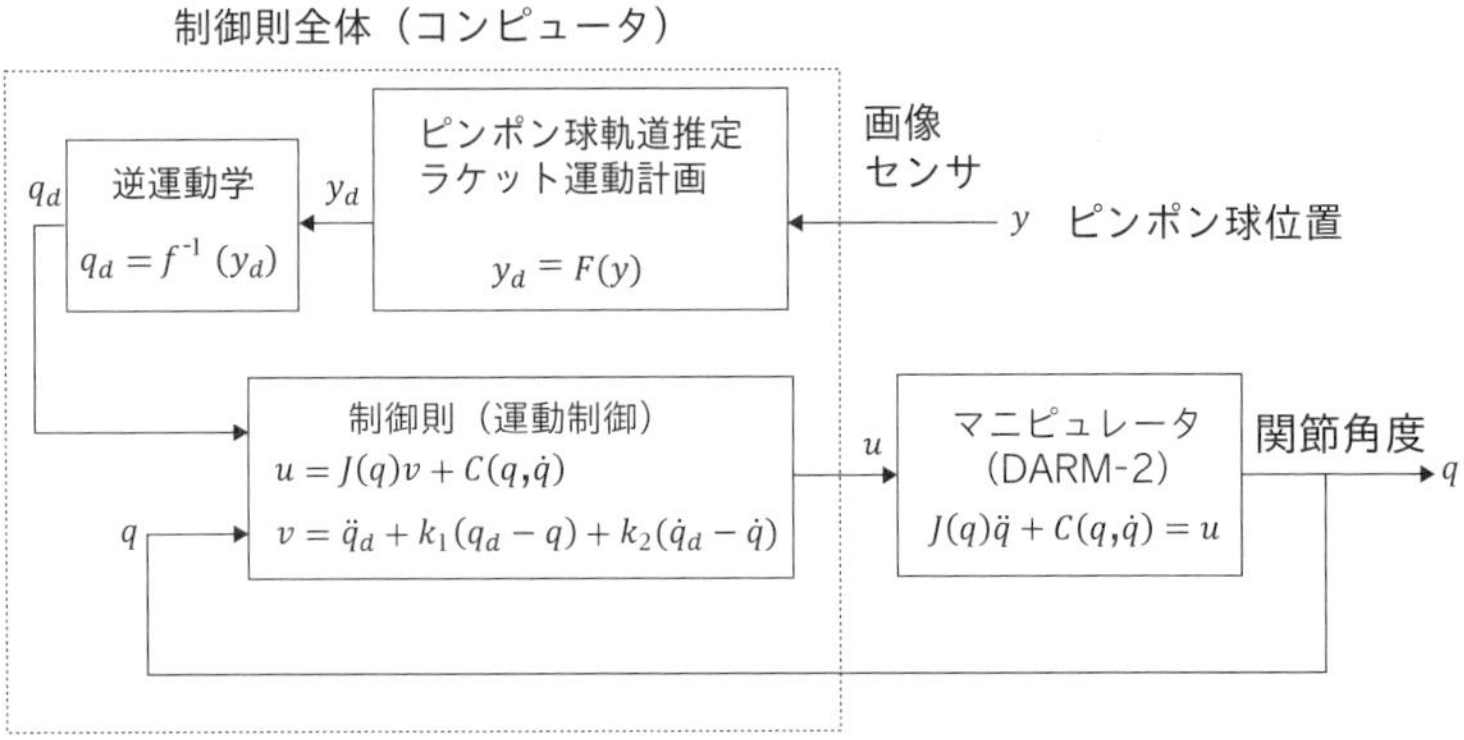

図4.4
DARM-2の制御則。壁打ちピンポンをするためには複雑な計算をしなくてはならない。

この制御則を設計するためには、制御対象であるDARM-2の特性を把握しておく必要がある。そこで、DARM-2の詳細な運動方程式と、その中に現れる多くの定数パラメータを求め、それらの情報を用いて制御則を設計した（図4・4）。その結果、世界初の卓球ロボットが完成し、壁打ちピンポンの実現に成功した[17]。

これ以降も、当時の先端制御理論を用いて、様々なメカトロニクスシステムの運動制御を行ってきた。ここでその一部を、簡単に振り返ってみよう。

空気圧人工筋ラバチュエータ（1990年）

図4・5左は、ラバチュエータと呼ばれるゴム人工筋で、ゴムチューブのまわりにナイロンなどの繊維が格子状に織り込まれた袋を被せたものである。ゴムチューブに空気を入れるとチューブとまわりの袋が膨らみ、その分、全体の長さが短くなる。この長さ変化をアクチュエータ[18]として利用できる。具体的には、これを筋肉のように拮抗させて作る回転関節（図4・5右）が、ロボットのアクチュエータとして期待されている。しかしラバチュエータの運動特性は非常に複雑で[19]制御が難しい。そこで、当時の先端制御理論であるH_∞制御理論による運動制御[20]を行った。複雑な特性を持つとはいえ、ある程度の数理モデルは作れるので、そのモデルを基本にモデル化誤差の大きさを事前に見積もることによって、制御則を設計した。

17 Hashimoto, H., Ozaki, F., Asano, K. and Osuka, K.: Development of a ping pong robot system using 7 degrees of freedom direct drive, *Proc. Int. Conf. on Industrial Electonics, Control and Instrumentation* (IECON'87), pp.608-615 (1987).

18 アクチュエータとは、それに入力されたエネルギーや信号などの大きさに応じて、物理的な運動（例えば回転や直線運動など）に変換する装置である。具体的にはモータや油圧シリンダなどである。

19 こういう性質を、ここではザックリ「非線形」と呼んでおく。

20 当時大阪府立大学の学生であった木村哲也氏との共同研究（１９９０）。Osuka, K., Kimura, T. and Ono, T.: H_∞ Control of a Certain Nonlinear Actuator, *Proc. The 29th IEEE Conf. On Deci-*

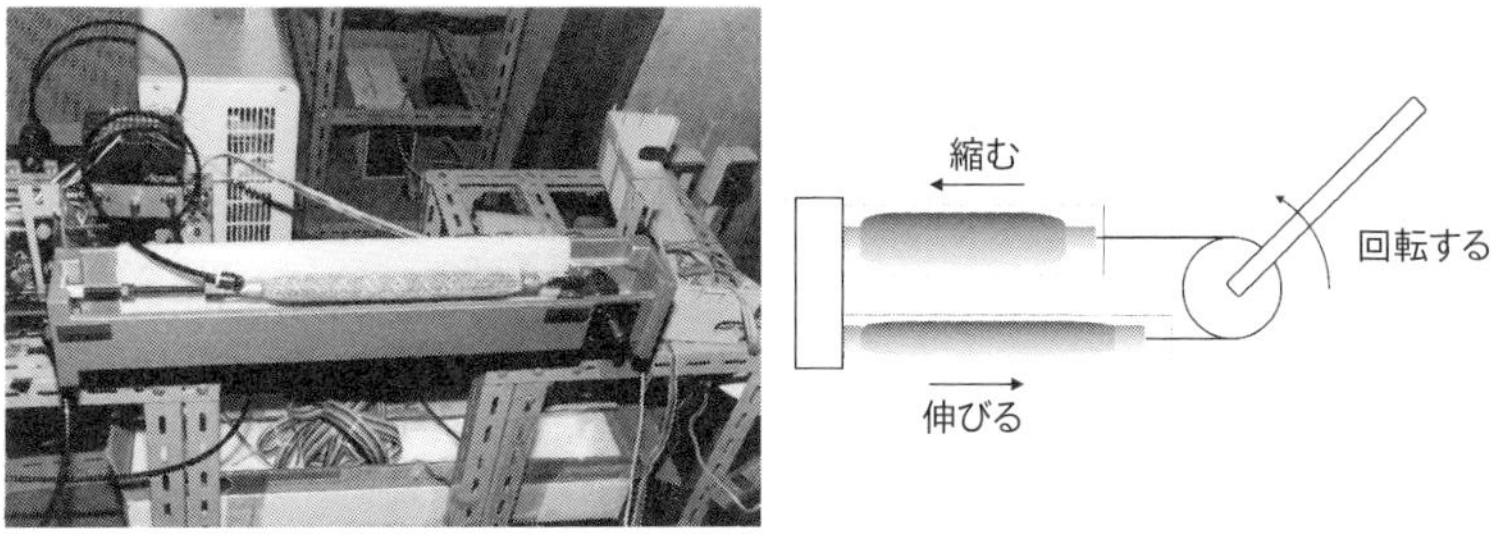

図4.5
空気圧人工筋ラバチュエータのH^{∞}制御理論による運動制御。ラバチュエータ２本を拮抗させて用いる。

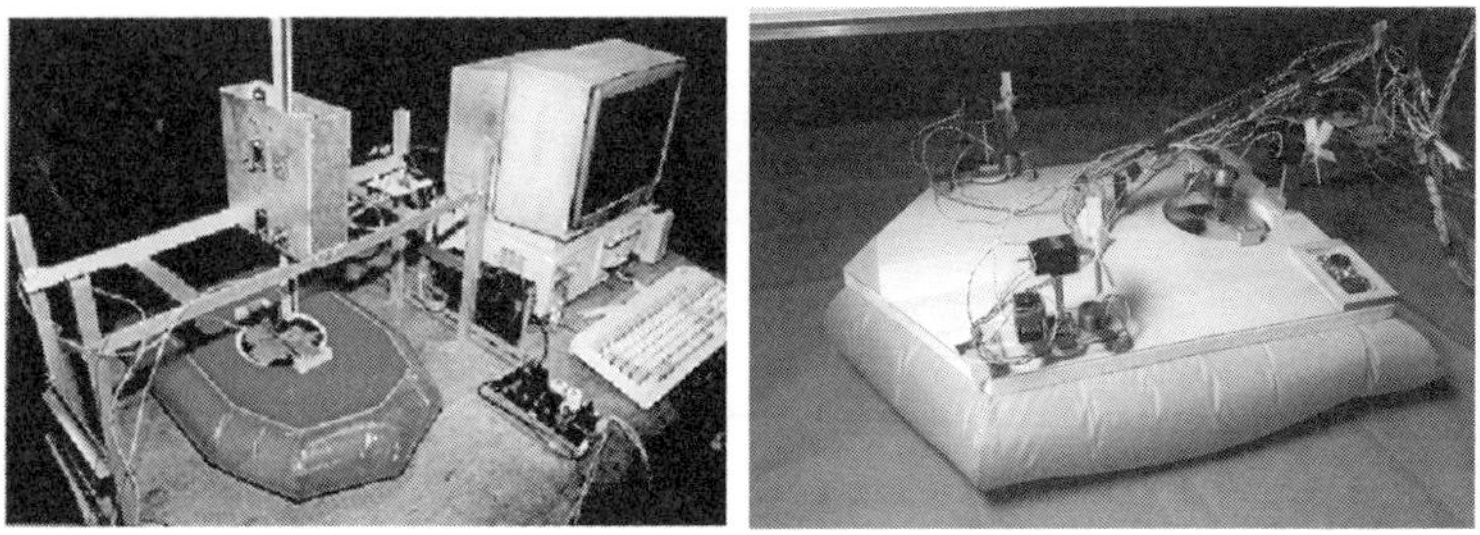

図4.6
ホバークラフトのH^{∞}制御理論や非線形切り替え制御理論による軌道制御。左はゴミ袋とバルサ材で作られたホバークラフト１で、高さによって特性が変わるのでH^{∞}制御を適用した。右はゴミ袋とバルサ材で作られたホバークラフト２で、運動状態によって制御則を非線形に変える。

ホバークラフト実験機（1991年）

図4・6はホバークラフトの実験機である。この機体のスカート部（ホバークラフトのエアクッション部分）はゴミ袋、本体はバルサ材でできていて、当時大阪府立大学の学生であった林良太氏の力作である。機体の浮上と走行には、ともに空気の流れを利用するので、ラバチュエータと同様、運動特性は非線形になる。また、本来ホバークラフトの設計は流体力学的に詳細な検討を行ってなされるべきであるが、実験機なのでありあわせの素材で作ったこともあり、余計にその特性は不確実性が大きかった。そこで、H_∞制御理論や非線形制御理論などを用いて機体の姿勢や高さ[21]、さらには軌道の制御を行った[22]。

脚ロボットEmu（1997年）

図4・7の鳥の人形のようなものは脚ロボットで、私たちはEmu（エミュー）と呼んでいる。Emuの胴体と脚の間の関節（腰）にはモータが付いているが、足首にはモータが付いていない。したがって、起立状態は不安定である。さらに、脚は膝を能動的に曲げることができるので、屈伸すると余計にバランスが崩れて、立ち続けることはさらに難しい。制御目的はEmuを起立させた状態から屈伸運動をさせることで、脚が屈伸することにより時々刻々と変化するEmuの特性にどう対処するかがポイントであった。私たちは、制御対象の変化に応じて制御則を変化させる「ゲインスケジューリング

sion and Control (CDC), pp.370-371(1990).

21 林良太、大須賀公一、小野敏郎：非線形システムの線形ロバスト制御に関する一考察（切換え制御によるホバークラフトの高さ制御）、『日本機械学会論文集(C)』、60巻572号、pp.1278-1284（1994）

22 ホバークラフトの走行制御においては、機体の位置や速度に応じて制御則を曲線的に「非線形に」変化させる制御則を用いた。林良太、大須賀公一、小野敏郎：ACVの軌道制御について、『日本航空宇宙学会誌』、43巻494号、pp.153-160（1995）

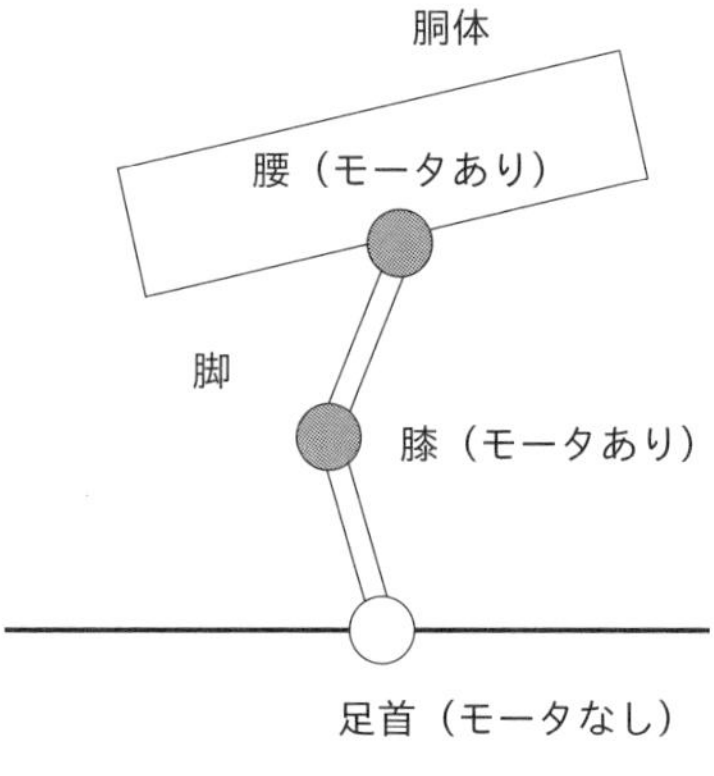

図4.7
非線形ゲインスケジューリング制御理論による、脚ロボット Emu の起立と屈伸。実は当初、機体のまわりの「毛」や「頭」はなく、単なる四角い弁当箱みたいな実験機だった。我々には立派なロボットに見えていたのだが、一般の人には全くロボットに見えなかったようなので、まわりにデコレーションを施して鳥のように見せた。

制御」と呼ばれる方法を用いて、目的を達成した。[23]

以上の例で紹介した制御の手法では、基本的に、まず制御対象の数理モデルを求め、その情報を利用して制御則を設計する。これを「モデルベースド制御」という。私はこのモデルベースド制御によって順制御学の型を学んでゆき、きちんと運動方程式（支配方程式・モデル）を求め、きちんと制御することの訓練を通じて、その重要性を体得した。

23 当時大阪府立大学の学生であった衣笠哲也氏との共同研究（1997）。大須賀公一、衣笠哲也、小野敏郎：非線形ゲインスケジューリング制御による脚ロボットEmuの運動制御、『システム制御情報学会論文誌』、11巻6号、pp.341-355（1998）

4・3 身体特性を活かした制御

このように「正統な」制御工学の研究（順制御学）を進めていた私が、現在のように裏からモノゴトを見る（逆制御学）ようになった「前触れ」が2つある。それが、これから紹介する「午前4時の戦い！」と「受動的動歩行」である。

(1) 午前4時の戦い!

1つ目は、東芝総合研究所時代に起こった、自分で「午前4時の戦い!」と呼んでいる出来事である。入社して1年少々が過ぎた1985年の初夏、私は前節で紹介したDARM-2を試作していた。そこへ、当時の上司の浅野都司氏から「大須賀君、秋に総研（総合研究所）の成果発表会があって、総研長の視察があるんだけどさぁ、DARM-2に何かやらせてよ。」という指示を受けた。DARM-2は3000万円以上の開発費を投じて試作したロボットである。当然、成果を披露しなくてはならない。そこで、DDマニピュレータの関節は減速器を用いていないため柔らかいことに注目し、それをアピールするために「小太鼓」を叩かせることを提案し、採用された。このとき、私の頭の中には「バチの動きを計画して、それを実現するように関節目標軌道を生成し、軌道追従制御をすれば簡単に叩くだろう」という考えが浮かんでいた。

私は早速、「バチがこのように動けば小太鼓を叩いて音が出るはずだ」と、バチの軌道計画を始めた。続いて、「バチがこう動くためには各関節はこのように動けばいい」という関節の軌道を計画した。いわゆる逆運動学問題である。そして、関節の目標軌道が計算できると、次は各関節の軌道追従制御のための制御則の設計である。私は、修士論文のテーマとしてマニピュレータ運動方程式のパラメータ同定を研究していたので[24]、何の迷いもなくパラメータ同定を行い、その情報を用いて非線形制御則を構成した。

ここまで来ると、あとは具体的に軌道生成から制御までを統合して実行すれば、簡単

24 一般のn自由度のマニピュレータにおいて、その運動方程式の中に現れる決定すべき定数パラメータを明確化し、そのパラメータ値を運動データから推定する（同定する）方法の提案が、私の修士論文のテーマであった。Osuka, K.: A New Identification Method for Seriarl Manipulator Arms, Osaka University (1984).

に小太鼓を叩く……はずだった。ところがそうは問屋が卸してくれず、確かにバチはそれらしく運動したものの、「軽やかに小太鼓を叩く」には至らなかった。いわゆる「バチの弾み」が実現できず、単にバチで小太鼓を「打つ」に留まってしまい、うまく音が鳴らないのである。それからは、ひたすら膨大な計算と試行錯誤を繰り返す日々が始まった。バチの目標軌道が悪いのかと思って修正してもうまくいかず、逆運動学問題の解が良くないのだろうと別の解を用いてみても状況は改善されず、さらにパラメータ同定をやりなおしたり、軌道制御の制御則を修正してみたりもしたが、効果がなかった。

こうして時間ばかりがどんどん過ぎてゆき、あっという間に総研長視察の前日になってしまった。それなのにバチは思うように小太鼓を叩いてくれない。総研長は24時間後の朝9時に視察に来るというのに、叩く兆しは全くない。人間、焦りはじめると頭がどんどん硬くなって、柔軟に物事を考えられなくなる。そのときは完全に思考回路がロックしており、昼が過ぎ、夕方になって夜が来ても、ひたすらバチの軌道修正と制御の調整を繰り返していた。とうとう夜中になり、午前1時、午前2時を過ぎ、それでも状況は変わらない。ついに焦る気持ちも頂点に達し、いよいよ諦めモードも顔を出しはじめて「もうだめかもしれない。明日どうやって謝ろうか」という心の声が聞こえてきた。

そのとき、ふと「あれ、なんかおかしいなぁ……そもそもDARM-2の関節はブラブラだったはずなのに……どうしてそれをガチガチに制御しようとしているんやろ……」という疑問が一瞬頭をよぎった。同時に、「やり方が間違っているのかも！」という閃光が頭の中を走った。真夜中の3時くらいだったように思う。そこから、それまでの「積極的に制御しよう」という考え方を180度転換し、じわじわと制御を緩めていくことにしてみた。このとき、「このやり方がうまくいかなかったら諦めよう」と覚悟して試みた捨て身の方法が、次のアルゴリズムである。「軌道制御をできるだけしない」という考え方に基づき、手先の上下にはある程度の軌道追従制御を行うが、手首部分は次のように非常に単純に制御を行う。

①手首への入力をステップ状に加え、手（手首から先）を上に打ち上げる。
②打ち上げてしばらくすると重力によって自然に落ちてくるが、その動きに任せる。
③バチが小太鼓に当たる少し上まで落ちてきたら、再び手を上に打ち上げる方向に少し入力を加える。
④手には慣性力があるので、バチが少し下がって太鼓を打つ。
⑤バチが小太鼓に当たって跳ね上がったとき、ある角度になったら①に戻る。

このアルゴリズムをDARM-2に実装完了したのが午前4時少し前だった、そして、午前4時、これが最後の挑戦と思い、DARM-2の制御プログラムを起動させた。DARM-2はゆっくりと指定された初期姿勢をとり、しばらくすると……「タンタンタ

ンタンタン」と見事に小太鼓を叩いたのである！　私はその瞬間、鳥肌が立ち、誰もいない研究所の中で「おぉーーーー！　やったー！」と雄叫びを上げ、建物の中を走りまわった。

　そして午前9時、総研長の視察があり、DARM-2は当たり前のように小太鼓を叩いて、無事任務を完了した。[25] 惜しいことをしたと思うのは、そのときの動画や写真がほとんど残っていないことである。唯一残っているのが、図4・8のポラロイド写真である。

　こうしてなんとか目標を達成することができ、もちろん大変嬉しかったのだが、一方で大きな敗北感も味わった。なぜなら、その頃の私は複雑な非線形モデルをもとに設計された複雑な制御則こそが「偉い」と思っており、その観点から見ると、小太鼓を叩かせるために実装した制御則はあまりにも単純で、できが良くないと思ったからである。だから、その後4・2節で述べたDARM-2に壁打ちピンポンをさせたときに設計した制御則は、最初に考えた、いわゆる順制御学の考え方に基づいたフルバージョンの制御だったのである。いまから思えば、実はこの「午前4時の戦い！」は、それこそ30年後にi-CentiPotを生み出す源泉だったのだが、このときには将来そんなことになろうとは夢にも思わなかった。

25　本当は午前8時半から9時の間に小さな戦いがあった。8時半になって浅野氏が出勤し「大須賀君、どう？　できた？」と言った。私は元気よく「はい！　できました！」と答えてデモンストレーションを行った。DARM-2は「タンタンタンタン……」と一定リズムで小太鼓を叩いた。それに対して浅野氏は「なるほど。でもね大須賀君、やっぱりボレロじゃないと。」と言った。私は「え！ボレロですか？」浅野氏は、「そうだ。」との一言。……総研長の視察まであと少し。できるのか、と思ったが、実はリズムを変えることは容易で、すぐにボレロ「タン・タタタ・タンタン・タン・タタタ・タンタン……」が実現できた。そして9時になった。

図4.8
DARM-2による小太鼓演奏の準備をしているところ。右に見えるのが小太鼓である。この演奏については、唯一この写真しか残っていない。

(2) 受動的動歩行

「午前4時の戦い！」の後は、4・2節で述べたように、いろいろな制御対象を順制御学的観点から制御してきた。そんな中、逆制御学に目を向けるきっかけとなった2つ目の出来事が起こった。それは「受動的動歩行（Passive Dynamic Walking）」との出会いである。

受動的動歩行は、アクチュエータを持たない歩行機械をゆるやかな坂道の上に置き、適切な初期条件を与えると、その歩行機械が坂道を歩き下るという現象である。学術的な研究対象となったのは、1990年にタド・マックギアが実験的に実現可能性を示したのが始まりであるが[26]（図4・9）、この現象の存在自体は古くから知られており、例えば「トコトコ」と坂道を歩き下るおもちゃ（図4・10）にも利用されている。また、特許も1888年ごろにはすでに取得されている[27]。

私が受動的動歩行を知ったのは1993年のことで、『日本ロボット学会誌』に掲載された佐野明人氏による解説「重力場を巧みに利用した動的2足歩行（人間に近い歩行への挑戦）[28]」を読んだことがきっかけであった。佐野氏はこの解説の中で、マックギアの受動的動歩行について、次のように書いている。

　Passive Walkingと名付けられた歩行は、重力効果のみを利用し、前進運動や脚の前方への振り出し動作を巧妙に実現している。Passive故に動き始めたら転倒しな

26 McGeer, T.: Passive Dynamic Walking, *The International Journal of Robotics Research*, Vol.9, Issue. 2, pp.62-82 (1990).

27 G.T.Fallis: Walking Toy, U.S. Patent No.376588 (1888)
https://patentimages.storage.googleapis.com/25/3c/af/3bd5c3c84fd91b/US376588.pdf

28 佐野明人：重力場を巧みに利用した動的2足歩行（人間に近い歩行への挑戦）、『日本ロボット学会誌』、11巻3号、pp.354-359（1993）

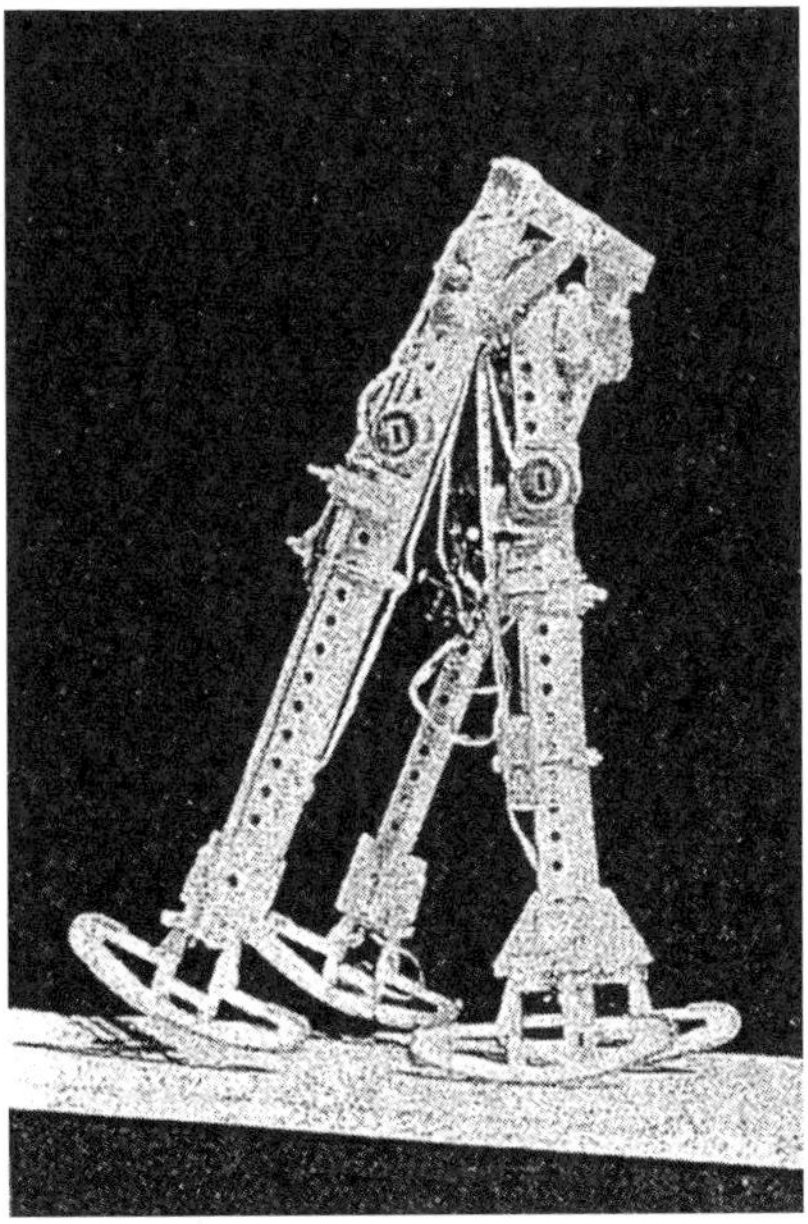

図4.9
マックギアによる受動的動歩行機。

図4.10
坂道を受動的動歩行によって歩き下るハリネズミのおもちゃ。

いように祈るしかないが、その歩き方は人間の自然な歩行に極めて近い。筆者が国際会議に出席した際、会場に持ち込まれたそのロボットは、見事に即席のスロープを下り降りた。

私は、「モータなどのアクチュエータが付いておらず、さらには制御則もないのに人間の自然な歩行に近い歩き方が見られる！」という点に大きな興味を覚え、「なぜ？どうしてそんなことが起こるのか？」とそのメカニズムを知りたくなった。そこで、実際にそのような機械を作って検証してみることにした。

最初に作った受動的動歩行機がQuartet（カルテット）-Iである（図4・11）[29]。この機体は8本の脚を持つが、4脚ずつがリンクでつながっており、実質的には2脚である。また脚の長さは固定なので、遊脚[30]が支持脚[31]の横をすり抜けられるように、支持脚の下に薄い嵩上げ板を設置している[32]。この機体をゆるやかな傾斜面に置き、遊脚と胴体に適切な初期速度を与えて斜面に沿って打ち出すと、斜面の角度に応じた歩行速度で歩き下る。先のマックギアの歩行機と比べて単純ではあるが、なるほど、確かに自然な歩行が見られた。さらに、歩行の途中で少し歩調が乱れても元の歩行パターンに復帰するという、いわゆる「安定性」を兼ね備えていることも、実験で確認できた。

次に、Quartet-IIを開発した（図4・12）[33]。Quartet-Iと同様、この機体も8脚の脚のうち4脚ずつをリンクで連結しているので、2脚と同等である。改良点は、Quartet-

29 当時大阪府立大学の学生であった藤谷達也氏との共同研究（1998）。大須賀公一、藤谷達也、小野敏郎：8脚受動的歩行機械Quartet—挙動解析と実験、『第27回制御理論シンポジウム資料』、pp.73-78（1998）

30 地面から離れている脚。

31 地面に接地しており、機体を支えている脚。

32 嵩上げ板の間隔の距離は、実際に歩行機が歩いてみなければわからないので、試行錯誤を重ねて決めた。

33 当時京都大学の学生であった、桐原謙一氏との共同研究（1999）。大須賀公一、桐原謙一：受動的歩行ロボットQuartet IIの歩行解析と歩行実験、『日本ロボット学会誌』、18巻5号、pp.737-742（2000）

図4.11
案外簡単に歩いた受動的動歩行機 Quartet-I。

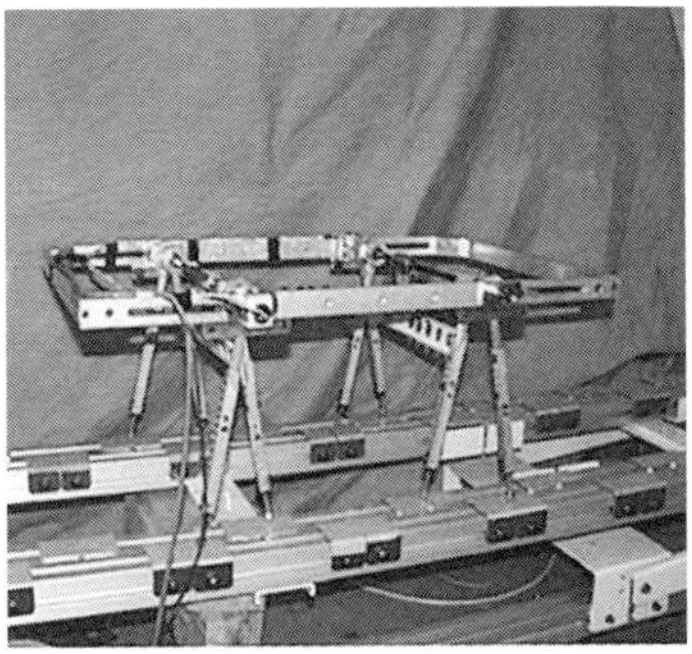

図4.12
なかなか歩かずに、もう一つの「午前４時の戦い」が生まれた受動的動歩行機 Quartet-II。

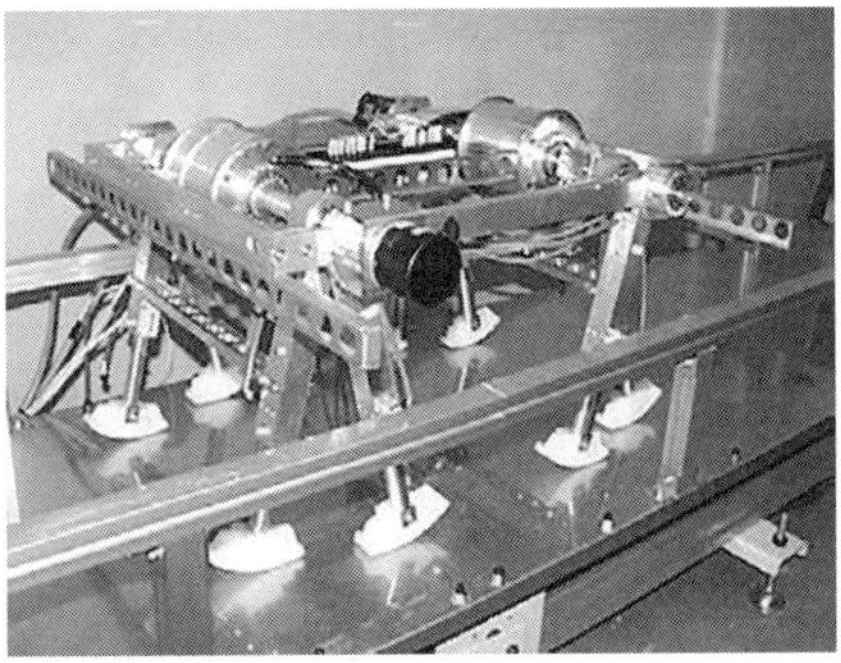

図4.13
受動的動歩行機にダイレクトドライブモータを内蔵して、能動的にも歩行できるようにした準受動的動歩行機 Quartet-III。

Iでは2脚それぞれで慣性モーメントなどの物理特性が異なっていたが、Quartet-IIでは機構を工夫し、2脚が同じ特性を持つように設計したことである。この工夫によって機体の数理モデルがシンプルになり、理論解析がしやすくなった。当時、受動的動歩行のシミュレーションでは、傾斜角度を変えると歩行速度も変わることが知られていたが、それに加えて、傾斜角度が大きくなるにつれ、1歩行周期が2歩行周期になり、さらに4歩行周期、そして最後はカオス的な歩行になるということも知られていた[34]。実はQuartet-IIは、シミュレーションでしか知られていなかったこの歩行周期の分岐現象を、世界で初めて実験的に検証したのである。すなわち、傾斜面の角度が小さいときは、「トン・トン・トン・トン（1歩行周期歩行）」と一定のリズムで歩行するのだが、傾斜角を徐々に大きくしてゆき、ある一定以上になると、「トン・ト・トン・ト・トン・ト・トン（2歩行周期歩行）」とスキップのようなリズムが生まれるのである。この実験結果の裏には、当時の修士2年生だった桐原謙一氏によるもう一つの「午前4時の戦い！」があったのだが、それは参考文献に譲るとしよう[35]。

Quartet-IIは、傾斜面の角度を大きくしてゆくにつれ歩行速度が速くなり、ある角度を超えた瞬間、倒れるのかと思いきや、1歩行周期歩行をやめて2歩行周期歩行に切り替えて歩行を継続する。その姿を見て、「どうして君はそこまでして歩きたいのだ。途中で歩くのを諦めてもいいのに……しかも制御則がないのに……」としみじみ思った。いま考えると、これが非生物にも知能を感じて「逆制御学」の考え方を意識するよ

34 ある脚が遊脚になった瞬間から支持脚になる瞬間までを1歩と呼び、1歩の歩行に要する時間を歩行周期と呼ぶ。さらに、n歩行周期歩行とはn種類の歩行周期が見られる歩行である。

35 大須賀：研究者の日常 or 非日常「午前四時」の戦い！、『日本ロボット学会誌』、27巻2号、pp.164-167（2009）

うになったきっかけになったと言えよう。

そして、Quartet-III（図4・13）[36]は、脚関節にダイレクトドライブモータを付け、受動歩行に加え能動歩行もできるようにした機体である。また、この機体の脚の中には直動関節[37]が埋め込まれており、脚の長さを調整できる。遊脚として動いている間は脚が2cm程度短くなり、支持脚になる直前に長くなるように工夫されているため、Quartet-IやQuartet-IIのように嵩上げ板は必要なくなった。また、受動歩行と能動歩行の両方が可能なため、歩き始めや歩行の途中で何らかの外乱が入ったときだけ能動的に脚関節を制御し、それ以外の定常歩行は受動歩行で行う、という制御則が実装できる。具体的には、「現在の歩幅と1歩前の歩幅との差に適切な定数をかけて、その値を脚関節に入力する」という非常にシンプルな制御則を提案し、その有効性を実験によって示した[38]。この制御則のココロは、「定常歩行をしているときは一歩一歩の歩幅は同じになるので、その値が同じになるように制御入力を加える」ということである。この、「基本的には受動的動歩行で歩くのだが、必要なときに最小限の制御入力を加える」という歩行を、私たちは「準受動的動歩行」と名付けた。

ただ、このような制御手法が有効であることを示すためには、そもそも受動的動歩行が安定に歩行を継続する性質を持つことを証明しなくてはならない。そこで私たちは、2脚受動的動歩行機を「2本のリンクが1つの理想的な関節で連結されているもの」と捉えることにした（図4・14）。そして、歩行という現象を、遊脚と支持脚が入れ替わる

36 当時京都大学の学生であった猿田吉秀氏との共同研究（2000）。

37 脚の長さ方向に伸び縮みする機構であり、小型のモータとスクリューネジ機構で構成されている。

38 当時京都大学の学生であった杉本靖博氏との共同研究（2001）。Sugimoto,Y. and Osuka, K.: Motion Generate and Control of Quasi-Passive-Dynamic-Walking based on the concept of Delayed Feedback, *Adaptive Motion of Animals and Machines*, pp.165-174 (2005).

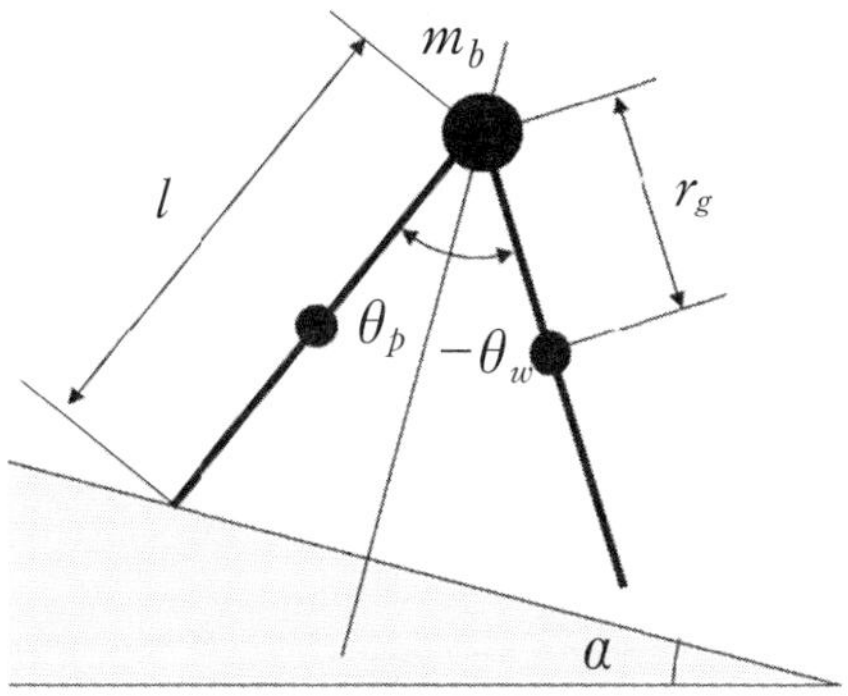

図4.14
受動的動歩行の現象をシンプルなモデルで表現すると、コンパスのようになる。

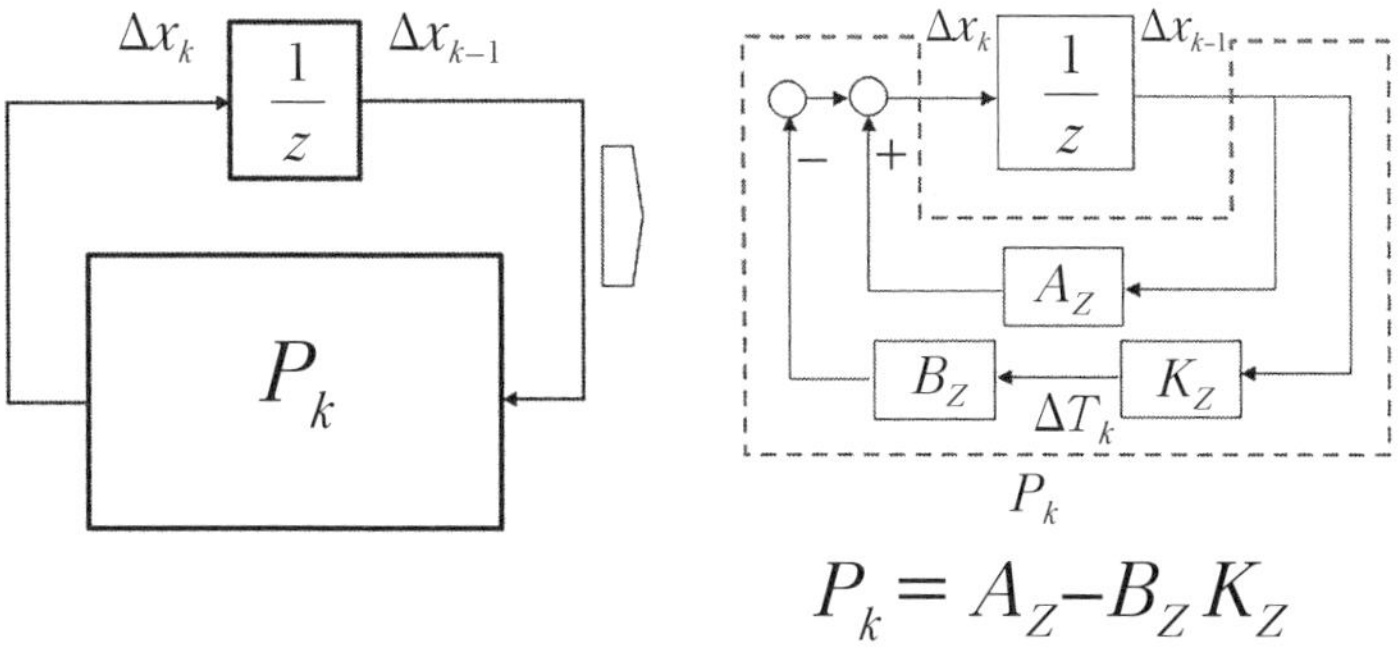

図4.15
受動的動歩行という現象がうまく継続する（歩き続ける）理屈を考えるための数理モデル。力学現象の中にフィードバック構造が組み込まれていることがわかった。

ことによって第$k-1$歩から第k歩への着地点の推移が継続的に続くことだと定義し、その数理モデルを求めた[39]。その数理モデルを詳細に解析すると、その中に歩行の安定化のためのフィードバック構造が発現していることがわかってきたのである[40]（図4・15）。それは脚と地面との接触から生まれた相互作用で、この相互作用があるからこそ受動的動歩行は安定な現象になっていたということが腑に落ちた。すなわち、その相互作用は「歩行を安定化させる」という制御目的に対する制御則になっていたと見なせたのである。これはまさに「逆制御学」的観点なのであるが、当時はそのようには考えず、たまたまそのように見えたと思っただけであった。

この制御則は、もちろん私が作ったモノではない。受動的動歩行機と斜面との間に自然に生まれていたのである。この考察を2005年にある研究集会で発表したところ、ファイファー氏が「これはImplicit Feedback Structure（陰的フィードバック構造[41]）だ。」と命名してくれた。

これら一連の受動的動歩行（Quartet-I, II, III）に関する研究から得られたメッセージは、「制御対象の力学特性を把握し、うまく活かす制御の重要性」であった。この考え方は、法隆寺の宮大工である西岡常一氏[42]が『木のいのち木のこころ（天）』の中で語っている、宮大工の口伝にも通じる。西岡氏は「木には癖がある。右捻れ、左捻れ、節もある」と述べ、さらに次のように続けている[43]。

39 厳密に考えると、連続時間システムと衝突を含む離散事象システムが混在するハイブリッドシステムとしてモデリングできる。しかし取り扱いが非常に複雑になるので、周期的運動という点に着目し、脚の衝突から次の1歩の脚の衝突までの移り変わりを表すポアンカレ写像を用いて、離散時間システムとして取り扱う。

40 当時奈良先端科学技術大学院大学准教授であった平田健太郎氏と、当時京都大学の学生であった杉本靖博氏との共同研究（2004）。
平田健太郎、大須賀公一、杉本靖博：むだ時間系の安定解析と受動歩行の遅延フィードバック制御、『計測自動制御学会』、第6回制御部門大会、pp.61-64（2006）、杉本靖博、大須賀公一：受動的動歩行の安定性に関する一考察—ポアンカレマップの構造解釈からのアプローチ、

ところが、癖というものは何も悪いもんやない、使い方なんです。癖のあるものを使うのはやっかいなもんですけど、うまく使ったらそのほうがいいということもありますのや。人間と同じですわ。癖の強いやつほど命も強いという感じですな。
……(中略)……
……職人というのは頑固ですわ。人のいうことを簡単に聞きません。……(中略)……性根の曲がったのもおりますわ。それでも辞めさせたりはしませんな。また学校の先生のように、性根が曲がっているから直してやろうということもありませんな。その人はそれでちゃんとした職人ですし、性根というのは直せるもんやないんですわ。やっぱり包容して、その人なりの場所に入れて働いてもらうんですな。曲がったものは曲がったなりに、曲がったところに合う所にはめ込んでやらな、いかんですな。……

「性根が曲がっている人」は、私たち制御工学者の言葉に翻訳すると「非線形な制御対象」である。私はこの言葉を「非線形な特性を持った制御対象は、無理に非線形特性を殺すのではなく、うまく活かして制御すべし」という示唆であると解釈した。

『システム制御情報学会論文誌』、18巻7号、pp.255-260（2005）

41 「明示的に構成したのではなく、自然に生まれた構造である」というニュアンスである。

42 西岡常一氏は代々法隆寺の宮大工の家系であったが、1970年から数十名の宮大工の棟梁をまとめる大棟梁となり、薬師寺の金堂や西塔（図4・16）などの再建を行った。

43 西岡常一氏：『木のいのち木のこころ（天）』pp.17-18, p.112、草思社（1993）

図4.16
薬師寺の西塔。西岡常一氏が大棟梁になって再建した三重塔である。

4・4 まとめ

本章では、「制御」について考察した。まず4・1節では、私の研究上のルーツである制御工学について述べた。制御は元来、幅広い意味を持つ概念であるが、それを技術の世界に持ち込み工学にしたのが制御工学である。このような背景を持つ制御工学は、基本的には「作られた人工物を思うままに操りたい」というモチベーション（下心）をベースに構築されている。そして、制御目的を達成するために、制御対象の動きの特性を数理的に求め（それをモデルと呼ぶ）、環境からの影響は極力抑えるように制御則を設計し、それを実装する。本書ではこのような行為を順制御学と名付けた。

私の研究活動は、このような順制御学によって制御構造を構築するというスタイルでスタートした。そこでは、基本に則って、まずは制御対象の数理モデルを求め、それをもとに制御則を設計するモデルベースド制御を行った。4・2節では、これまで私が行ってきたモデルベースド制御のいくつかの事例を紹介した。

そして、様々な制御対象の制御を経験していく中で、それぞれの制御対象が持っている力学的特性を活用することがより得策ではないかとの発想が生まれてきた。そこで、

4・3節では、制御対象の数理モデルよりも力学モデルに焦点を当て、力学的な特性をうまく活用した制御方策について述べた[44]。本節で紹介したDARM-2による小太鼓の演奏では、想定外にそのような制御を行ったが、この流れは、その後しばらくして出会った受動的動歩行をきっかけに、次の段階へと進むことになる。本節では、いくつかの受動的動歩行機を紹介し、それぞれから得られた結果を説明した。

私が受動的動歩行に興味を覚えたのは、「安定に歩行する」という行為が制御則を用いることなく実現できるという事実に驚嘆したからである。通常の制御工学的考え方に基づくと理解できないことであるが、発想を逆転させ「逆制御学」の立場に立つと、そこに制御則が見えてきた。それがImplicit Feedback Structure（陰的フィードバック構造）の発見であり、後に第5章で登場する陰的制御則へと発展するのである。ちなみに、現在では最も深く陰的制御則を理解してくれている広島大学の小林亮氏[45]に、受動的動歩行に制御則が埋め込まれているということを最初に話したときには、「何言ってるの、この人たち。誰も制御してへんやん。頭おかしいんちゃう？」と言われたものである。

これら一連の受動的動歩行の研究から[46]、制御対象の特性をうまく活かすことの大切さを学び、適切にその特性を利用すると非常にシンプルな制御則で制御できる、ということを習得した。このように、制御対象の力学的特性を重視した制御方策を、私は「ダイナミクスベースド制御」と呼んでいる。

44 数理モデルは制御対象の入出力関係をメインに想定したモデルで、力学的モデルは制御対象の力学的構造に注目して構築されたモデルというニュアンスである。

45 6・1節で紹介する私たちのプロジェクトCRESTのリーダー。

46 それに加えて東芝時代に行ったDARM-2による小太鼓演奏も同じ意味を持っている。

ただ、受動的動歩行において一つだけまだ腑に落ちていないのは、「分岐現象の発現」である。本文中でも述べたが、傾斜面の角度が小さいと、受動的動歩行機は1歩行周期歩行で歩行を継続する。傾斜面の角度を大きくしていくと歩行速度は速くなり、ある角度を超えると、倒れると思いきや2歩行周期歩行になって歩行を継続することが確認できた。1歩行周期歩行における陰的フィードバック構造も、2歩行周期歩行における陰的フィードバック構造も見つかったが[47]、なぜ1歩行周期歩行から2歩行周期歩行へと遷移するのかがわからない。今後の課題である。

47 Sugimoto,Y. and Osuka,K.: Hierarchical Implicit Feedback Structure in Passive Dynamic Walking, *Journal of Robotics and Mechatronics*, Vol.20, No.4, pp.559-566 (2008).

第5章

奥義「陰陽制御」を会得する

本書では、「知能の源泉」を理解するために「制御の視座」に立つことを宣言し、前章ではその基礎となる制御工学について述べた。そこでは、制御工学の歴史を概観し、人工物の制御を突き詰めていった。その究極の姿の一つが受動的動歩行であり、そこに見いだされた「Implicit Feedback Structure（陰的フィードバック構造）」であった。

そのような中で、私にとって最も大きな転換期を迎えるきっかけになる出来事が起こった。それは、科研費特定領域「移動知」の開始とそのプロジェクトへの参画である。それまで人工物の制御しか考えていなかった私がこれを契機に生き物の制御を考えるようになるのだが、すぐにこれまでの知見は通用しないことを思い知るのである。この経験が、本書のメインテーマである「逆制御学」とその具現化である「陰陽制御」の考え方を生むことになる。

そこで、5・1節では、私に逆制御学の立場で考えるきっかけを与えた「移動知」を紹介する。そして5・2節では、逆制御学から生まれた、知能の源泉の制御学的表現である「陰陽制御」の考え方を詳しく述べる。そして、5・3節でこれまで述べてきた様々な考え方を一つの単純な例を用いて説明し、最後の5・4節で本章をまとめる。

5・1

移動知——身体と脳と環境

私の研究活動に非常に大きな影響を与えたのが、「移動知」への参加である。これは2005〜2009年度に実施された科研費特定領域[1]におけるプロジェクトで、正式名称は「身体・脳・環境の相互作用による適応的運動機能の発現——移動知の構成論的理解（領域代表：淺間一（東京大学））」という（図5・1）。

このプロジェクトでは、生き物が持つ、様々な環境に適応しながら行動する能力を「動くことで生じる、身体・脳・環境の動的な相互作用によって発現されるもの」と捉え、それを「移動知」と名付けた。そして、生物学と工学を融合し、人工システムを構成することにより、移動知発現メカニズムを理解することを目的に掲げた。そう、本書のテーマと同じである……ではなくもちろん逆で、本書のテーマはこのプロジェクトをきっかけに生まれたのである。5年間の研究で移動知の全貌が解明できたわけではなかったが、大きなヒントが得られ、プロジェクト終了後も考察を続けてきた。その結果をまとめたのが本書である。

移動知プロジェクトは、次の4班構成で進められた。[2]

1 文部科学省科学研究費補助金特定領域研究。

2 各班の詳細説明は、次の書籍を参照いただきたい。「シリーズ移動知」（第1〜4巻）、オーム社（2010）

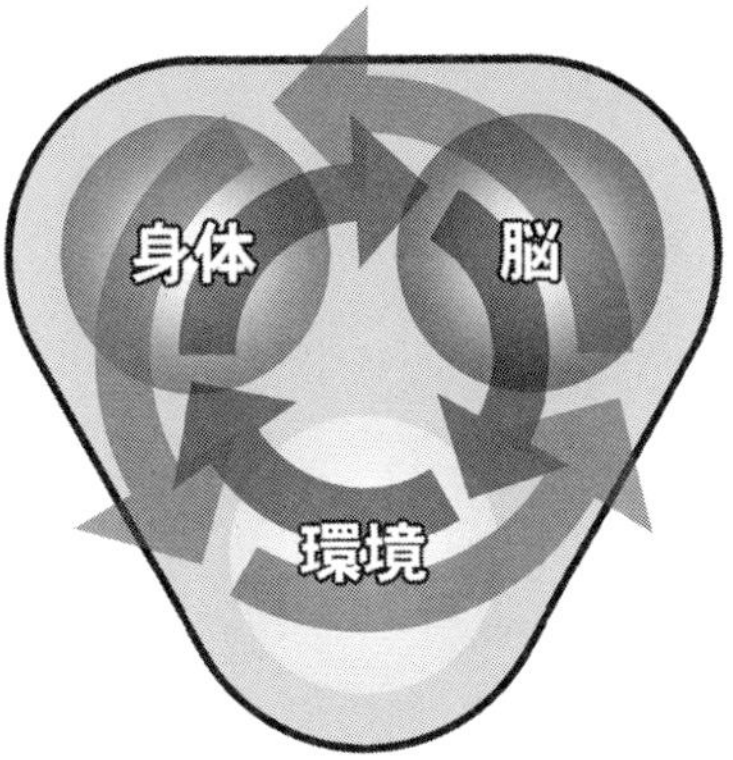

図5.1
「知能は身体・脳・環境の相互作用によって生まれる」という、移動知の作業仮説。

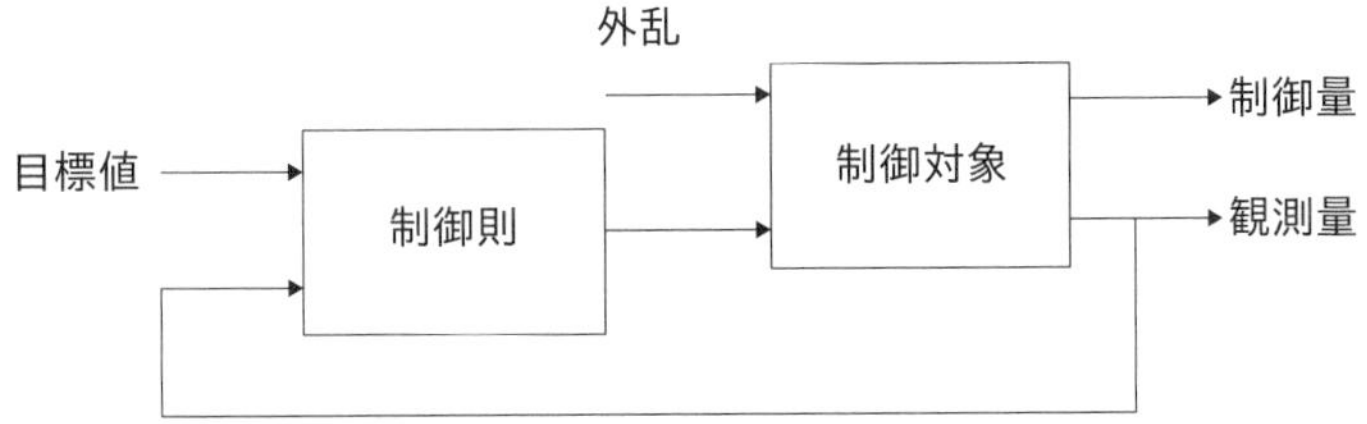

図5.2
一般的な制御系の構成図。特に外乱と目標値が外部から与えられているところがポイント。

（A班）身体適応（班代表：伊藤宏司（東京工業大学名誉教授））：行動に必要な認知情報を生成する脳‐環境連関の解明、行動適応機能の生物学的解明、身体‐脳‐環境から構成される適応機能のモデル構成、の3つを目指す。

（B班）環境適応（班代表：土屋和雄（京都大学名誉教授））：複雑に変化する環境の中でリアルタイムに適応行動を発現する、動物の適応的移動行動の発現と選択機構を明らかにすることを目指す。

（C班）社会適応（班代表：青沼仁志（北海道大学））：個体群内で個体間の相互作用により創発される社会階級の構築メカニズムおよび社会への適応機能の生物学的解明とモデル構成を行う。

（D班）共通原理（班代表：大須賀公一（大阪大学））：生物と人工システムに共通した移動知の共通原理を探求するとともに、知的人工システムを実現する設計原理を構成論的に明らかにする。

私はD班の代表として、「A〜C班で考察されるそれぞれの生き物における移動知と、人工物における移動知とを含めた、移動知発現の共通原理を見定めること」をミッションとして研究を開始した。

さて、移動知は移動・運動に関係するので、それを理解するためには、まさに移動や運動を考察の対象とする「制御の視座」を用いて、図5・2のような制御構造（図4・

2の制御構造を一般化したもの）を生き物に当てはめ、制御対象と制御則を特定すればいいと考えた。当初は「逆制御学」という考え方は明確には持っておらず、自然に順制御学的観点でモノゴトを見ており、制御工学の知見を駆使すれば結果はすぐに得られると思っていたのである。

ところがあっという間に、その考えでは歯が立たないということがわかった。なるほど、確かに人間などの哺乳類であれば、筋骨格系を制御対象、脳を制御則と見なすことができそうである。実際に、制御工学などの講義ではそのような説明をすることがある。しかし、2・2節で見たような脳を持たないクモヒトデやアメーバの制御構造はどうなっているのだろう？　身体全体を制御対象と見るのはいいとして、制御則はどこにあるのだろうか？　順制御学的立場に立つと、制御則は目の前の制御対象の中に存在すると考えるのが普通なのだが、クモヒトデには脳のような「制御則はここにある」と明確にわかる部位はない。でも確かに知的に見える（制御を感じる）。また、これも2・2節で紹介したが、蟻塚を構築しているシロアリを1匹実験室に持ち帰って詳細に調べても、蟻塚を構築する能力がその小さな脳のどこから生まれているのかはわからない。しかし、蟻塚という「環境」に戻してやると再び作業を始める。アメーバや粘菌に至っては、そもそもどうして意味ある（ように見る）行動が生まれているのか、さっぱりわからない。

さらに、制御工学では基本的に環境の影響は制御にとって邪魔なもの（外乱）として取り扱うが、生き物の動きを見ていると、環境の存在をうまく利用している。むしろ、環境がないとうまく生きていけないのではないかとすら思える。また、移動知は「身体・脳・環境の相互作用」と定義されていることからも、環境が重要な役割を果たしていることがわかってきた。そこで「もしも生き物の制御構造を絵に描くならば、このようになるのではないだろうか？」と考えるに至った（図5・3）。図5・3において重要なのは、次の3点である。

①環境を明示的に表現している。
②制御対象・制御則・環境が分離されておらず、重なりがある（渾然一体化している）ことを表現している。
③目標値がない。

③については、多くの場合、生き物は自発的に、あるいはまわりの環境から誘発されて行動することが多く、制御工学における制御構造のように、どこからか目標値が明示的に与えられるということはないと思われることによる。

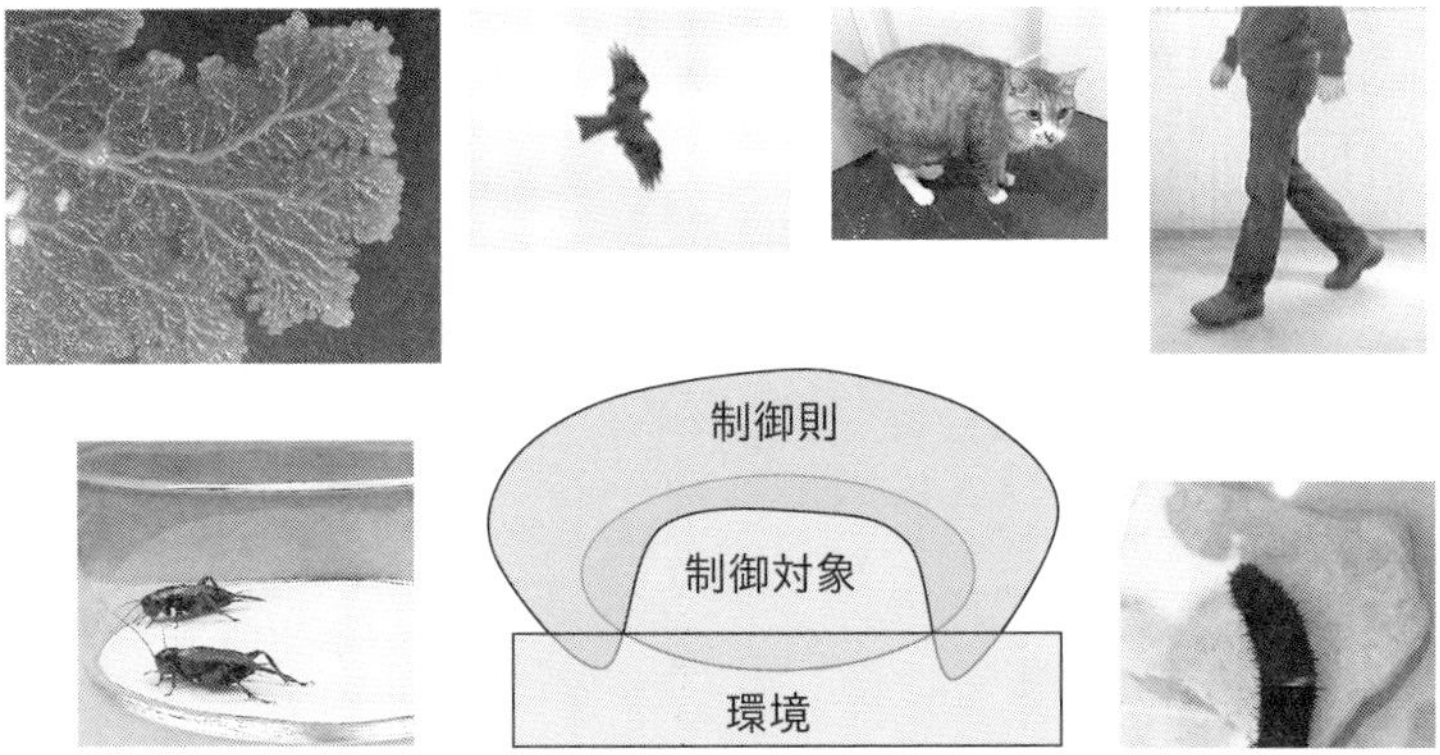

図5.3
いろいろな生き物の制御構造を考えると、この図ように制御対象・制御則・環境が渾然一体化しているとしか見えない。

5・2

陰的制御と陽的制御——陰陽制御

さて、前節の考察における、制御対象・制御則・環境という制御構造の要素の渾然一体化をどのように捉えるといいのだろうか？　また、明示的に制御則が存在するように見えないのに、制御則があるように見えるという感覚はどこからくるのだろうか？　移動知プロジェクトでは、ずっとこれらの点について考えていた。この考察の過程で、制御学には順制御学と逆制御学があり、生き物の制御構造を捉えるには「逆制御学」の立場に立たなくてはならないという考えが生まれてきたのである（3・3節参照）。

そんな中、２００８年の春に、当時東北大学の博士課程の学生だった大脇大氏が受動的動歩行に興味を持ったことから、そのときの指導教員である石黒章夫氏らと一緒に、受動的動歩行を核としたテーマで科研費の申請を計画した。ところがいざ申請書を書こうとすると、うまく書けないのである。受動的動歩行という現象はおもしろく、また重要な意味があると考えていたのであるが、どう大切なのかが書けず苦慮した。どうしても「興味深い現象である」としか書けないのである。表面的なおもしろさの奥に感じる「何か」を掴もうと、「なぜ私はこの現象に興味があるのだろう？　坂道を歩き下る単なるおもちゃのどこに惹かれているのだろう?」と、何度も3人でディスカッションした。4・3節(2)「受動的動歩行」で述べたように、受動的動歩行においては確かにImplicit Feedback Structure（陰的フィードバック構造）という興味深い構造が見えてきていたが、これをどう一般論（あるいは普遍的原理）へ展開できるのかがわからなかったのである。

そんなある日、あいかわらず東北大学の石黒研の学生室で3人で議論していたとき、ふと数学者の広中平祐氏がフィールズ賞[3]を受賞した論文[4]のアイデアを思い出した。[5]この論文は、「上から見ると複雑にもつれているように見える糸でも、横から見ると曲がっているだけで、もつれてはいない場合がある」[6]というアイデアがもとになったという。このアイデアから、もしかしたら、考える次元を1つ増やして視点を変えると何かが見えるかもしれない、という示唆を得た。そのとき私たちが思い描いた図をもとに大脇氏が具体的に描いてくれたのが、図5・4である（2008年10月）。この図は、2次元の図形だと考えると制御対象と制御則は渾然一体化しているように見えるが（左）、3次元の図形だと考え視点を回転すると（中央）うまく分離できる（右）可能性がある、ということを意味している。

広中氏のアイデアに加えて、清水博氏の『生命知としての場の論理—柳生新陰流に見る共創の理』[7]で述べられている「場の理論」からも、もう一つヒントを得た。清水氏は、「無限定環境にリアルタイムに対応できることこそが、生き物の生き物たる所以で

3　4年に1度開催される国際数学者会議において、顕著な業績を上げた40歳以下の若手の数学者（4名まで）に授与される賞で、数学のノーベル賞といわれることもある。ちなみに日本人の受賞者は、小平邦彦（1954年受賞）、広中平祐（1970年受賞）、森重文（1990年受賞）の3名である。

4　「標数0の体上の代数多様体の特異点の解消および解析多様体の特異点の解消」

5　広中平祐：『「可変思考」で創造しよう—企画・教育・技術への発想テキスト』光文社（1982）

6　2次元平面では複雑にみえる糸の形も、1次元増やして3次元空間の図形としてみれば単純な曲線になっている場合がある。すなわち2次元で見えている図形は3次元の図形の影であるという見方をする、ということである。

7　清水博『生命知としての場

ある」と述べている。そして、その能力を生み出すのは身体と場との相互作用であり、その説明のための具体例として、新陰流の剣術や即興劇などを挙げている。

新陰流は、室町時代の末期に上泉伊勢守秀綱によって始められ、柳生石舟斎宗厳によって柳生新陰流へと発展した剣術である。多くの剣術の流儀では、いろいろな攻撃を想定し、それぞれへの対処法を定めている。それがいわゆる「構え（型）」であり、修行者はその構えや型を練習する。しかし、新陰流には構えがないと言われている。なぜなら、構えは、確かにある想定された攻撃に対しては有効であるが、想定外の攻撃を受けたときには無力になる可能性があるからである。戦国時代の武士同士の斬り合いでは、お互いが真剣勝負なので、相手がどのように攻撃してくるかは予想できない（まさに無限定である）。そのような場面では構えは無力だと考えられているのである。ではどうするか？ 新陰流では「無形《むぎょう》の位《くらい》」という「構えない構え」をする（図5・5）。力を抜いて両手を下げる、一見無防備でスキだらけに見える立ち方であるが、だからこそ相手のいかなる攻撃に対しても変幻自在に対応できる。構えがないということは、逆にあらゆる場面に対応する準備ができているということである。そして、相手が攻撃を仕掛けてきたときに、その動きや状況に応じて自分の身体を動かし、有利な体勢になるという技を「転《まろばし》[8]」という。この無形の位と転によって、新陰流は不敗の剣術と呼ばれていた。

ただ、転という現象は理解できても、何が転を起こさせているかはわからない。相手

の論理―柳生新陰流に見る共創の理』中央公論社（1996）

8 水平に置いた板の真ん中にボールを置いた状態を想像してみよう。この状況ではこのボールはどちら方向にも転がることができるので、この状態を「無形の位」だと解釈することができる。この板が斜めになると、自然にその上のボールは傾いた方向に転がる。これが「転」であると私は理解している。

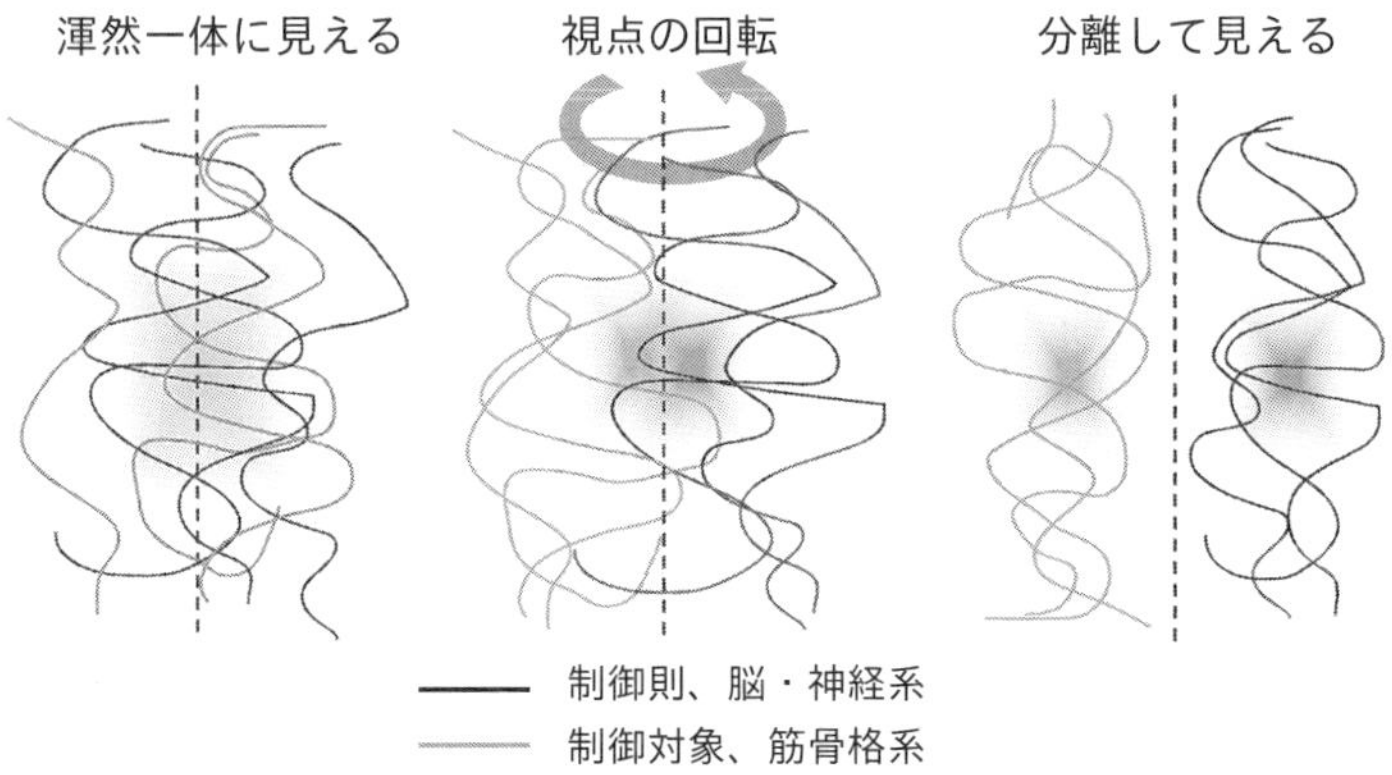

図5.4
生き物は制御対象と制御則が渾然一体化しているように見える。ただ、視点を回転させればもしかしたらうまく分離できるかもしれない？

図5.5
新陰流独特の「構えない構え：無形の位」で悠然と立つ上泉伊勢守の像（上泉自治会館）。

の動きを検出し、それに応じて脳で判断をして、それから身体を動すのでは間に合わない。ただ、もしも「場（相手の動き）」と「身体（自分）」との相互作用によって自分が直接動かされている状況が作り出されているならば、転が可能になるのではないだろうか？ こうして、場と身体の相互作用の中に何かが生まれているのではないかという示唆を得た。

これら2つのヒントを合わせることによって、「これまで渾然一体化していてよくわからなかった生き物の制御系は、見る次元を1次元増やし、視点を回転させると分離して見える。そうすると、その隙間にこれまで隠れていて見えなかった要素が見えてくるのではないか」と考えるに至った。これに基づき、まず図5・3をより制御工学らしく描き直したものが、図5・6である。さらに図5・6に視点を1次元増やして立体に見えるようにし、少し斜めから見てみると、重なっている制御対象・制御則・環境の間には実は隙間があり、そこに第4の要素が存在しているのではないか、と考えた（図5・7）。この第4の要素は、制御則・制御対象・環境の間に埋め込まれており、これらの相互作用によって生まれ制御則として働くが、相互作用がなくなると同時に消失する。また、他の要素と重なっているため、その存在に気づきにくい。そこで、この第4の要素を「陰に隠れて制御則の役割を果たす要素」という意味で「陰的制御則」と名付け、これに対し、明示的に見える制御則を「陽的制御則」と名付けた。そして、「制御則とは、陰的制御則と陽的制御則を合わせたものである」と考え、このような制御則で制御

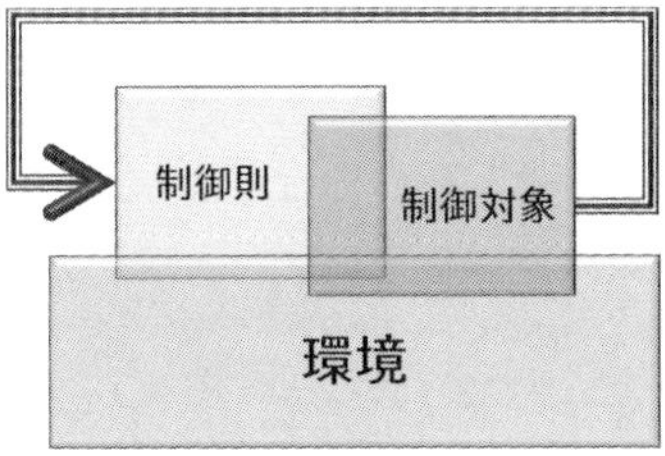

図5.6
図 5.3 をもう少し制御工学っぽくブロック線図で表現するとこのようになる。ポイントは制御対象・制御則・環境との間に重なりがあるところである。

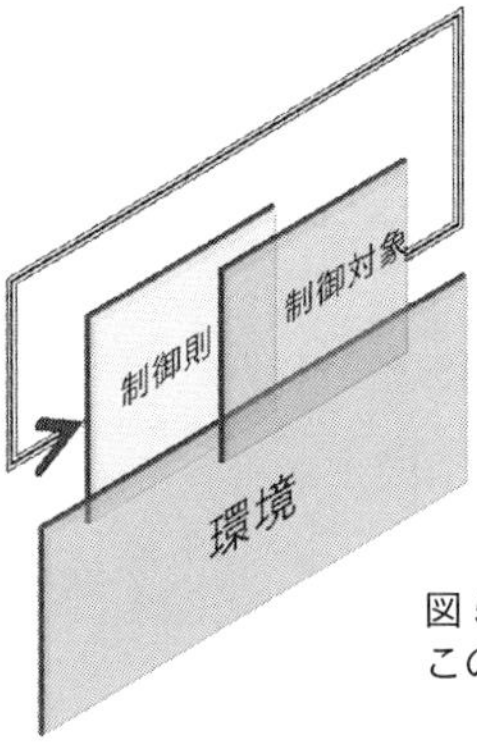

図 5.6 のブロック線図を斜めから見ると、このようになる。

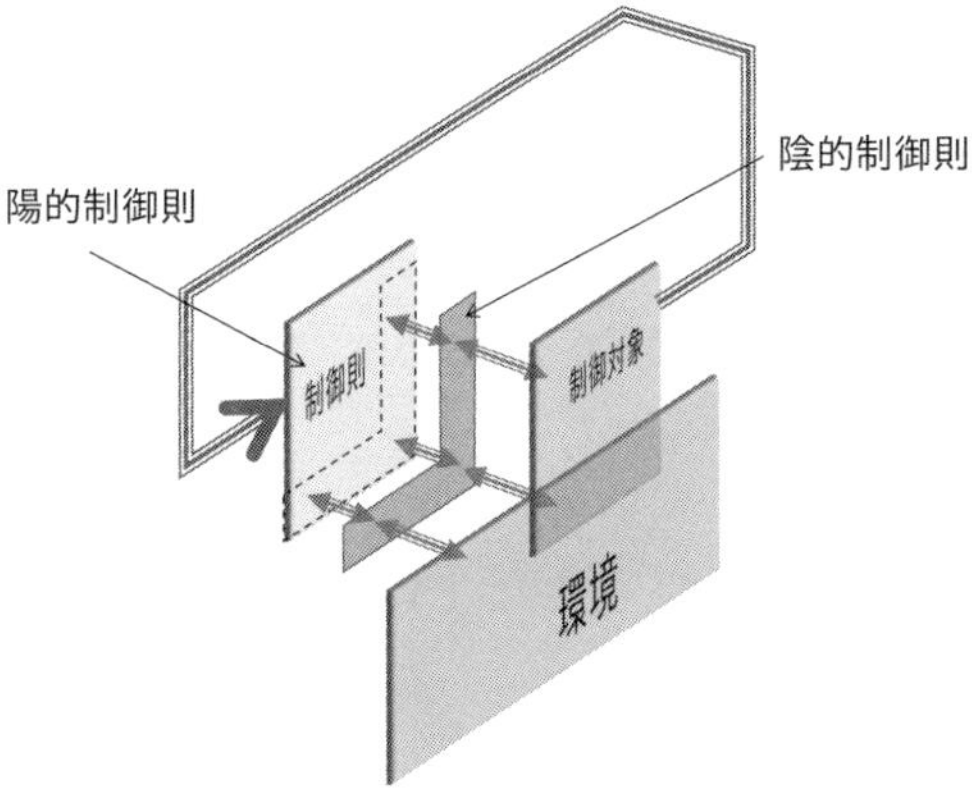

図5.7
図 5.6 を斜めから見ると、実は隙間があって、そこに第 4 の要素が挟まれているのではないだろうか？　それを陰的制御則と呼ぶ。

することを「陰陽制御」と呼ぶことにした。

陰的制御則は、私たちが生き物を見たとき脳・神経系によって構成されているように見える制御則（陽的制御則）とは異なり、そこに制御構造があると見なすことで見えてくる（図5・8）。すなわち、3・3節で述べた「制御（逆制御学）の視座」に立つことによって見えてくるのである。目の前の生き物の動きから感じる制御性能と、明示的に見える陽的制御則から期待できる制御性能との間に感じるギャップを埋めるために、陰的制御則を想定した、と言ってもよい。

具体的な例を挙げてみよう。図5・9の連続写真は、ある小さな移動ロボットが、発泡スチロールのブロックを移動させている様子[9]である。最初バラバラに置かれていたブロックが、ある程度時間がたつと複数箇所に集められていることがわかる。この挙動からは、このロボットはあたかも視覚センサによってブロックの位置を全体的に把握し、それらを任意の場所に集めるようにプログラムされているかのように見えるが、実はそうではない。このロボットの先頭には左右に簡単な近接センサが付けられており、左センサが反応すると右に、右センサが反応すると左に曲がり、両センサとも反応しなければ直進する、という単純な制御則が組み込まれているだけである（図5・10）。すなわち、ブロックを認識する機能も、ブロックの配置全体を把握する能力も、目標とする状態と現状を比較して制御しようとする制御則も組み込まれてはいない。このような、見た目の動きから「このロボットにはこんな制御則が組み込まれているのではない

9　当時大阪大学の学生であった末岡裕一郎氏との共同研究（2009）。このようなロボットは、ファイファーの研究室が開発したスイスロボットとして知られている。

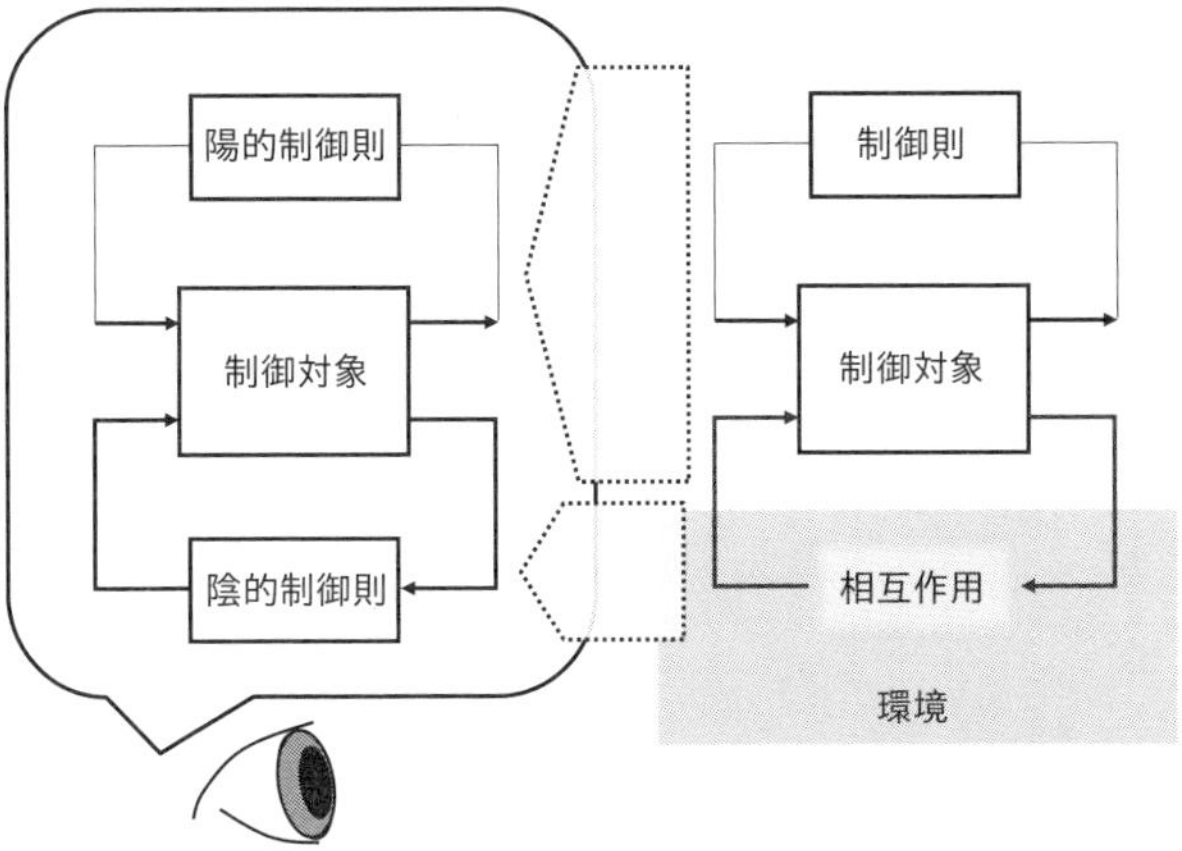

図5.8
うまく動いているモノを見ると、頭の中で相互作用が制御則に見えることがある。それを陰的制御則と呼ぶ。

図5.9
この小さなロボットは、ちりばめられた発泡スチロールのブロックを１～２カ所に集めてくれる。

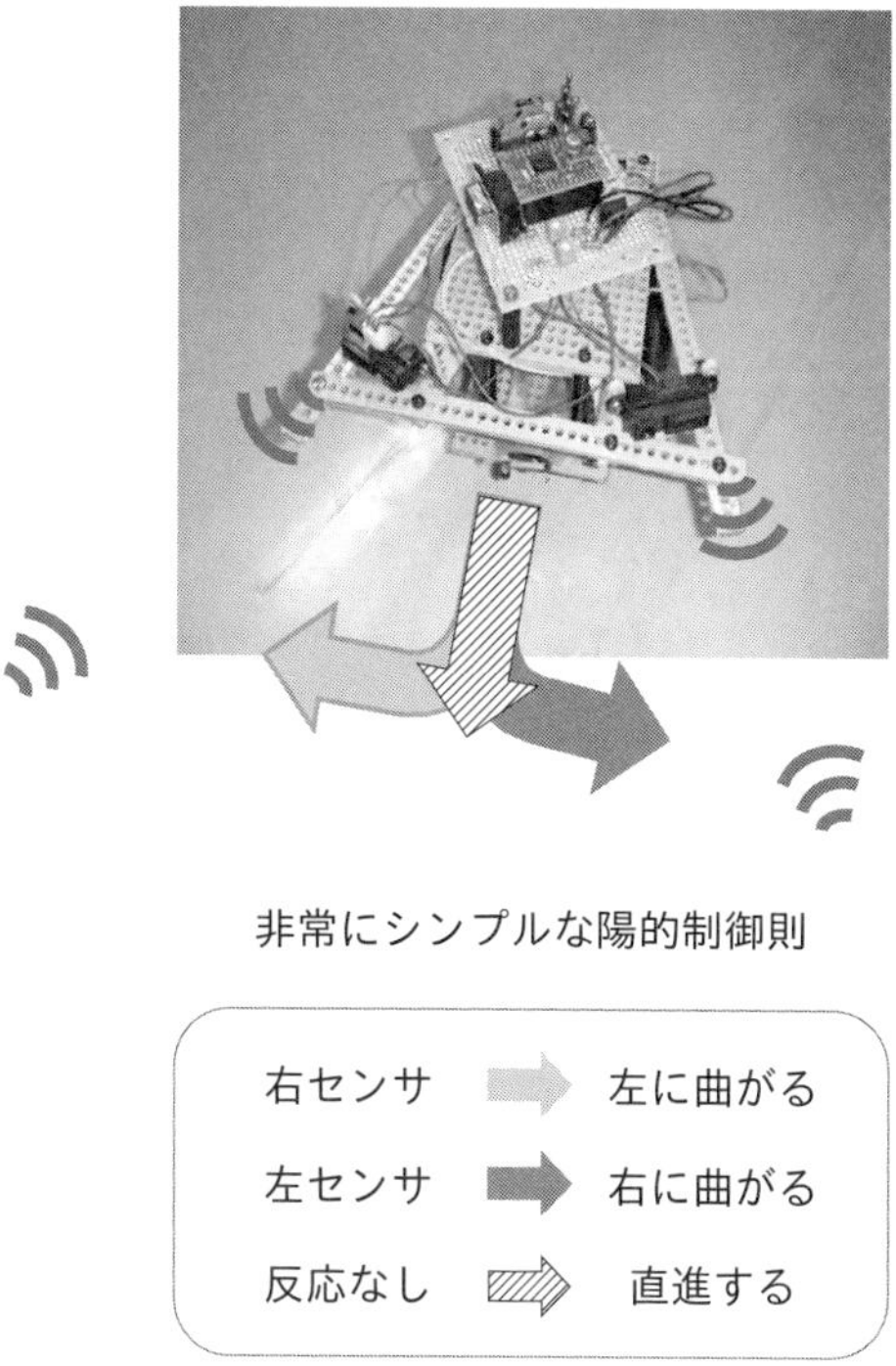

図5.10
複雑な制御則が埋め込まれているのかと思いきや、いたってシンプルな（陽的）制御則しか入っていない。にもかかわらずブロックを集めることができるのは、陰的制御則が生まれているからである。

か?」と期待される制御則と、実際に組み込まれている制御則との間のギャップを埋めているのが、陰的制御則なのである。この例では、ロボットという制御対象とまわりのブロックという環境との間の相互作用が、陰的制御則の役割を果たしている[10]。

この陰陽制御の考え方は、4・3節(2)「受動的動歩行」の研究の中で生まれた「Implicit Feedback Structure(陰的フィードバック構造)」を拡張したものである。また、受動的動歩行は人工物であることから、この陰陽制御の考え方は、生き物のみならず人工物の制御系に対しても有効であると言える。何かを制御しようとしたとき、なぜこんなに簡単な制御則でうまく制御できるのかわからない、という事態がしばしば発生する。そんなときは、おそらく陰的制御則が存在し、そのおかげで全体としてうまく動くのだと考えられる。実は、受動的動歩行はその典型例だったのである。この陰陽制御の構造こそ、先に述べた大脇氏らとのディスカッションの際に私たちが求めていた、受動的動歩行の先に感じていた「何か」だったのである。

10 末岡裕一郎、杉本靖博、中西大輔、石川将人、大須賀公一、石黒章夫:自律分散ロボットによる物体凝集に潜む陰的制御構造の解析、『日本機械学会論文集』、79巻800号、pp.1046-1055(2013)

5・3 制御学奥義

さて、ここで本章までに登場した以下の13個の考え方や単語を復習することにしよう。

1 物理の視座と制御の視座とは？
2 制御とは？
3 制御対象とは？
4 環境とは？
5 制御目的とは？
6 制御則とは？
7 外乱とは？
8 陽的制御とは？
9 順制御学とは？
10 陰的制御とは？

11　逆制御学とは？
12　陰陽制御とは？
13　無限定問題（非因果性問題）の回避とは？

図5・11の絵が示すように、机の上に置かれた筆を手で押すと、机の上を滑って移動し、30㎝ほど進んだところで停止する。そんな場面を想定してみよう。このとき筆には、筆と机との相対速度vとその接触面に存在する粘性摩擦係数Bから定まる粘性摩擦力fが働き（f＝Bv）、適当なところで動きを停止する。これが「物理の視座」である。

一方、私が「この筆をポンと押して、自分の手元から30㎝ほど先まで移動させたい」と思ったとしよう。その瞬間、この問題は物理の問題から「制御」の問題へと変わる。なぜなら、私はこの筆を「制御対象」、筆以外を「環境」と見なして、筆を30㎝ほど先まで移動させたいという「制御目的」を設定し、そのために手で押すという「制御則」を想定したからである。これが「制御の視座」で、筆は実際に30㎝ほど先で停止したので、制御目的は達成されたと言える。この場合、「筆を押す行為」は制御目的を達成するために私が明示的に作った「陽的制御則」である。ここまでは制御構造の設計になっているので「順制御学」的な立場である。

このとき、粘性摩擦力もまた、「筆を止める」ということによって制御目的を達成するために役立つので制御則だと見なせるが、これは私が明示的に作ったものではない

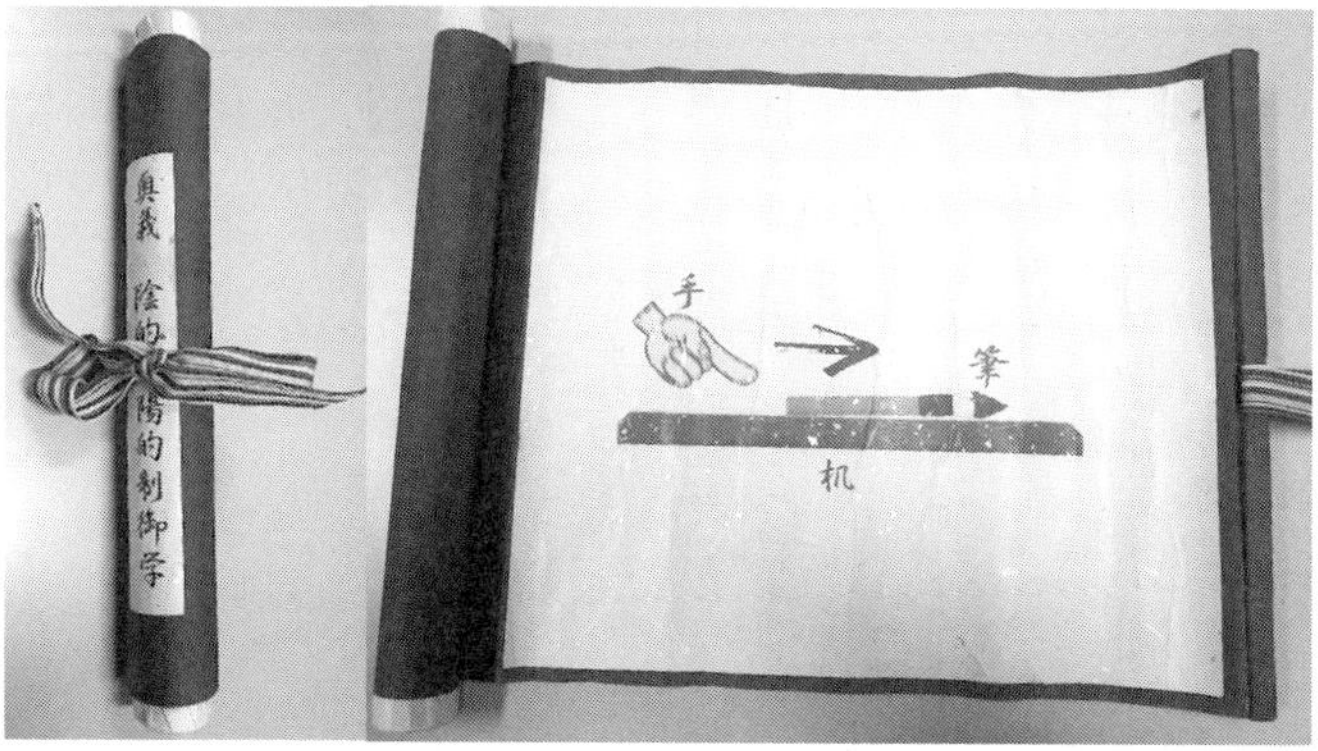

図5.11
陰陽制御の奥義である（著者の手作り）。この絵 1 枚で本書に出てくる 13 個の大切な概念が説明できる。

し、筆が机から離れると消えてしまう。したがって、粘性摩擦力は「陰的制御則」である。このように、観察の立場に立って制御則を見いだそうとする態度が「逆制御学」である。ということで、この制御問題においては、「筆を押す」という陽的制御則と「粘性摩擦力」という陰的制御則が存在し、両方あわせて制御則と見なすことができる。これが「陰陽制御」である。

次に、筆を押すという動作は同じなのだが、30㎝よりずっと先へ移動させたいという制御目的を設定するとどうなるだろう？　つまり、制御対象や環境は同じだが、制御目的が変わるということである。すると、先の実験では筆は30㎝先で止まってしまい、新たに設定した制御目的を達成できなかったということになる。つまり、この制御を邪魔する要素があるということだ。その正体は筆と机との間に存在する粘性摩擦力である。「筆を30㎝ほど先まで移動させること」が制御目的である場合は陰的制御則と見なせた粘性摩擦力が、「筆を30㎝よりずっと先まで移動させること」が制御目的となると、今度は外乱として働いたということだ。3・3節に登場した世阿弥の言葉「時に用ゆるをもて花と知るべし」は、このことに通じる。

さてここで、もしこの粘性摩擦力と同等の効果uを陽的制御則として人為的に発生させようとすると、筆と机との相対速度vと係数の値Bを求めて、両者を掛け合わせるという作業（計算）が必要になる（u＝Bv）。ところが、値Bは両者の接触状態などによって時々刻々決まるためあらかじめ定めることはできず、「無限定」である。またvの計算にも、原理的には未来からの情報が必要であり[11]、求めることができない。すなわち、この陽的制御則は実現できないのである。それに対して陰的制御則は無限定性に依存する計算なしに物体に作用させることができる。これは、モノゴトが「定式化できること」と「計算できること」は別であるということを示している。陰的制御則は、「定式化できるが、計算はできない（しない）」という性質を持つゆえ、環境に由来する無限定性に対応できるのである。これが陰的制御則による「無限定問題（非因果性問題）の回避」である。

5・4　まとめ

本章では、まず5・1節で移動知プロジェクトについて述べた。このプロジェクトの中で、私は初めて「生き物」の制御構造について考えることになり、その過程で、従来の制御工学の限界を知り、「逆制御学」の考え方の必要性を実感した。すべての生き物に制御を感じたとき、「制御構造がその中に構成されているから制御を感じる」のではなく「制御構造を感じるから制御構造の存在を確信する」という発想の逆転をしなくて

11　vは速度であり、速度は位置座標を時間微分して求める。このとき、数学的に微分を定義すると次のようになる。いまの時刻における微分値は、現在の位置と微小時間前の位置の差を求め、微小時間で割った値（左微分と呼ぶ）と、現在の位置と微小時刻未来の位置の差を求め、微小時間で割った値（右微分と呼ぶ）を求める。そして2つの微分が等しいとき、その時刻で微分が求められる。このように微分の計算には未来の情報が必要になるので、現実には不可能である（因果律に反する）。

考えている関数が滑らかであれば過去からの微分だけで微分が計算できるが、滑らかであることを知っていたこと自体、因果律に反している。いずれにしても微分するという行為は、因果律に反するのである。

は理解できないことに気が付いていったのである。特に「確信する」がポイントで、制御構造はあくまで見ている私の頭の中に構成されているのである（これが逆制御学である）。そして5・2節で、生き物を逆制御学の視座で見たときに、制御対象・制御則・環境が渾然一体化して見えることを理解するために陰的制御則を導入するというアイデアを提案し、「陰陽制御」という制御構造を得るに至った。そのときヒントになったのが、広中平祐氏の「特異点解消法」のアイデアと、清水博氏の「場の理論」の解釈であった。

数学者は、「定理を発見したとき、その定理が成り立つできるだけ単純な例と、成り立たないできるだけ単純な例を作って、それを覚えておく」ということを心がけていると聞いた。それができないとその定理を使えないからだそうである。それにならい、5・3節では、これまで述べてきた制御に関するいろいろな考え方を、一つのシンプルな例を用いて復習した。

第 6 章

i-CentiPot で知能の謎を解く

さて、いよいよ本書のクライマックスに入る。本章では、第1章でi-CentiPotという一風変わったムカデ型ロボットが見せた、「知能を生む装置が内蔵されていないという事実」と「知能を感じてしまうという感覚」との間に感じるギャップの謎を解いていく。まずは、これまでのところを簡単に復習しておこう。

この話は、コオロギの歩き方が陸上と水上では異なるということから始まった。コオロギに限らずあらゆる生き物は、脳を持っていようがいまいが、自分が置かれている環境に応じて実に巧みに行動する。私はそこに知能の本質を感じ、「この能力はどこから生まれるのだろう?」という素朴な疑問を抱いた。昨今はやりの人工知能が実現しようとするような高度な知能ではなく、あくまでも、知能が生まれるその源流――すなわち知能の源泉――を求める旅に出たのであった。

第2章では、あらゆる生き物に知能を感じるのは、すべての生き物が共通して持つ「何か」があるからに違いないと考え、「身体と環境との間の相互作用に秘密があるのではないか」という仮説を得た。そして第3章では、その仮説を検証するために「知能が存在するから知能を感じるのではなく、知能を感じるから知能の存在を確信するのでは?」という逆転の発想を取り入れ、その上で「理解」「視座」「制御」「順制御学と逆制御学」そして「制御の視座」など、仮説の検証のために必要な概念を手に入れた。このような準備のもとに得られた考え方を工学的に具現化するために、第4章と第5章では、私が制御工学の王道からいかにして逆制御学を取り入れ、「陰陽制御」の考え方にたどり着いたかを振り返った。
こうしてこれまでの経験を集約し、先の仮説を検証するために生まれたのが、ムカデ型ロボット i-CentiPot である。本章では、いよいよその誕生の経緯と具体的な構造、そして i-CentiPot が示唆することを述べていこう。

6・1 i-CentiPot の着想

i-CentiPot は、CREST[1]「環境を友とする制御法の創成（２０１４年10月〜２０２０年３月）」（以下、小林 CREST）というプロジェクトの中で生まれた。プロジェクトの代表者は応用数学者の小林亮氏（広島大学）で、共同研究者として、ロボット工学者の石黒章夫氏（東北大学）、生物学者の青沼仁志氏（北海道大学）、制御工学者の大須賀公一（大阪大学）つまり私が参画している。その研究概要を次に示す。

私たち動物は、複雑な環境の中を苦もなく動きまわることができます。ところが、一見簡単に見えるこのことを、現在のロボットで実現することは非常に困難です。

1　科学技術振興機構（JST: Japan Science and Technology Agency）における戦略的創造研究推進事業の一つである「科学技術発展のための中核的研究（CREST: Core Research for Evolutionary Science and Technology）」で、国が定める戦略目標の達成に向けて、独創的で国際的に高い水準の目的基礎研究を推進する。科学技術イノベーションに大きく寄与する卓越した成果を創出することを目的とし、研究代表者が複数の共同研究グループを組織して実施するネットワーク型研究である。

本研究では、この動物のすばらしい能力の秘密を、力学と制御の観点から明らかにし、それをロボットに注入することで、ロボットに動物のような運動能力を身につけさせることを目指します。さらにこの技術により、惑星探査や災害救助、また介護や家事を行うロボットの飛躍的な能力向上を目指します。そして、本研究におけるポイントは次の3点です。その1：自律分散制御、その2：手応え制御、その3：陰陽制御

このプロジェクトの最も重要なポイントは、「生き物が持っている無限定環境への適応能力が生まれる根底には、『環境』との付き合い方が本質的な役割を果たしていることに気づき、それを前面に出す」ということである。生き物たちは決して環境と戦っているのではなく、巧みに自分の味方につけている、すなわち「環境を友とする制御」がなされていると考えるのである。

では、具体的にどのように環境を「友」にするのだろうか？　その方法の一つが「自律分散制御」である。脳が非常に小さかったり脳がなかったりしても知的に行動している生き物は、必ずしも中枢神経系が中央集権的制御を行っているのではなく、身体の隅々における制御は個々の部位が自律的に行いつつ、それでいて全体が協調的なハーモニーを醸し出しているように見える。そのような制御方法を自律分散制御といい、生き物はこのように制御されているのだと仮定した。

そして、本プロジェクトでは自律分散制御を具体的に実現する方法として「手応え制御」を提案している。これは、環境と身体との間に相互作用が生じたら、身体はそれを身体の一部で「手応え」として感じ、それが身体の意図に合えば積極的にその相互作用を利用するように力を入れ、反するならば力を抜くという戦略である。これならば中枢神経系がなくても、身体の個々の部位がローカルに判断して動くことができる。もちろん中枢神経系があってもいいが、「末端の行動は末端に任せる」という自律分散制御が可能になるのである。

そして、手応え制御や自律分散制御がうまく働く根拠を与えるのが、第5章で説明した「陰陽制御」の考え方である。手応え制御は必要最小限の陽的制御であり、うまくいくのは、身体と環境との相互作用に陰的制御則が生まれているからだ、と見なすのである。小林CRESTでは、このことを「様々な状況に適応したければ、陽的に制御しすぎてはならない。身体に多くをゆだねるべし。」と表現している。

さて、小林CRESTにおいて、私には陰陽制御を具現化するというミッションが与えられている。第4章で受動的動歩行を紹介したときにも説明したが、何の（陽的な）制御も加えていないのに対象があたかも制御されているように見えるとき、逆制御学の立場に立ってその対象を見ると、身体と環境との相互作用に制御則が見えてくる。それを陰的制御則と呼ぶことにした。受動的動歩行においては陰的制御則を定式化できたものの、小林氏からは、このプロジェクトの申請書を書く段階で「大須賀さん、確かに受動的動歩行に陰的制御が見いだせるのはわかるけど、例が特殊すぎて一般の人にはわかりにくいなぁ。誰が見ても『これが陰的制御の威力だ！』ってわかる例、なんかない？」と相談されていた。

そこでひねり出したのが図6・1の「こんなん」である。これは、ヒラムシ、ヘビ、ムカデ、そして一反木綿が融合したような移動体である。中枢神経系に相当する陽的制御則はほとんどなく、基本的に身体と環境との相互作用によって行動し、生き物らしい気持ち悪い動き、あるいは知能を感じさせる動きを実現するというイメージである。このような、高度な制御則を積むことなく無限定環境に馴染みながら移動していく人工物を作ることができれば、結果として陰的制御の威力を示せるのではないかと考え、プロジェクトの申請書に入れた。

ところで、図6・1のような形態を発想した動機は、実は十数年ほど前にさかのぼる。2004年ごろ、私は瓦礫内探査ロボットMOIRA（モイラ、Mobile Inspection Robot for Rescue Activity）[2]というレスキューロボットを開発した。図6・2はMOIRA-I[3]（左）とMOIRA-II[4]（右）で、1995年の阪神・淡路大震災をきっかけに文部科学省主導で実施された「大都市大震災軽減化特別プロジェクト（2002〜2006年度）」内の「レスキューロボット等次世代防災基盤技術の開発（代表：田所諭（東北大学））」というグループで得られた研究成果である。MOIRAは、本体の上下にクローラ[5]が装着された上下クローラ方式のヘビ型ロボットである。通常のブルドーザー

2　ギリシャ神話に登場する3人の女神の名前からとった。

3　当時京都大学の学生であった北島寛氏との共同研究（2003）。

4　当時京都大学の学生であった原口林太郎氏との共同研究（2004）。

5　ブルドーザーや戦車などの駆動系として使われている、いわゆるキャタピラである。履帯、無限軌道とも呼ばれる。

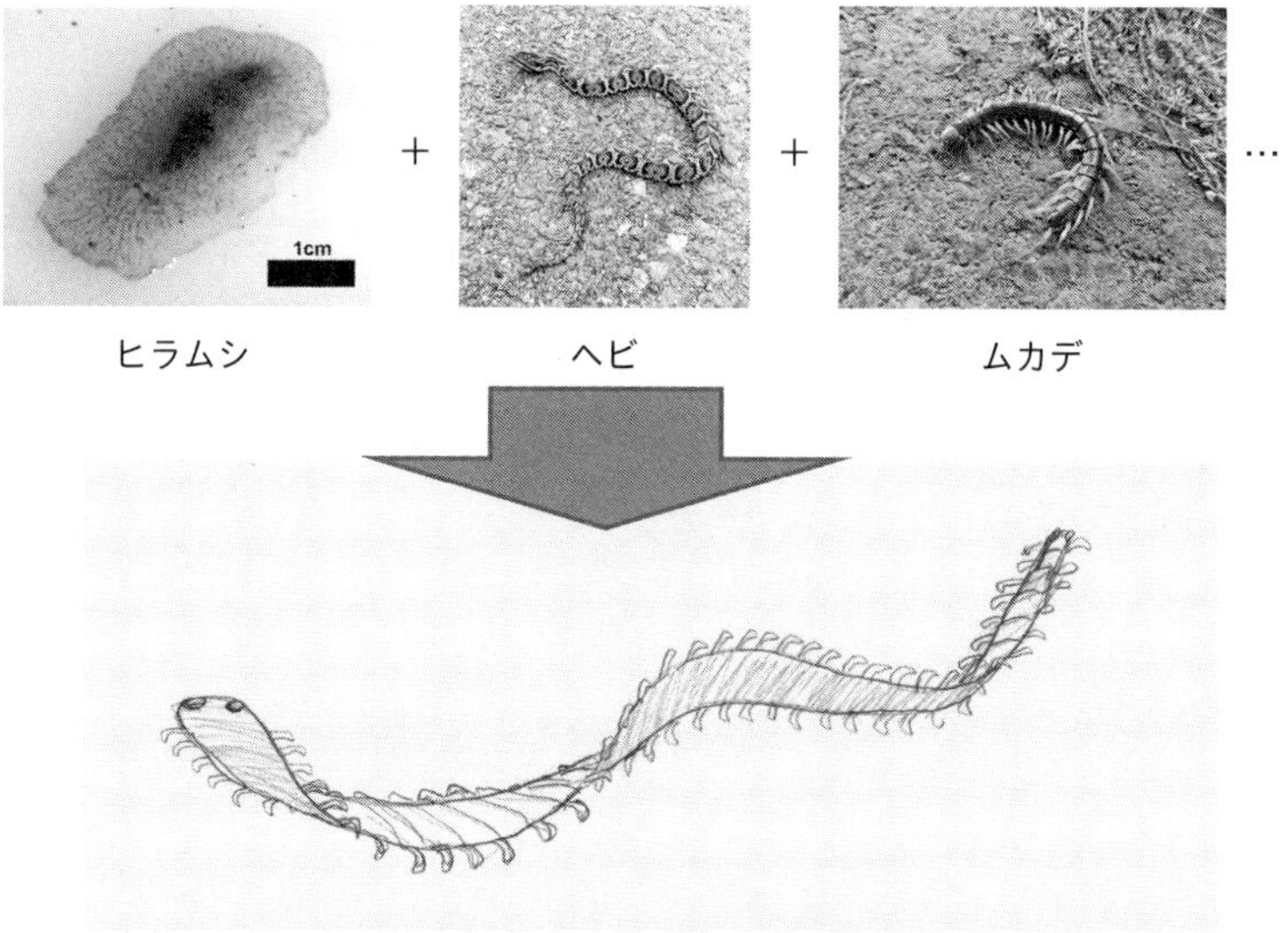

こんなん（2014.4.12 大須賀）

図6.1
単純な「自律分散制御・手応え制御・陰陽制御」であらゆる移動形態が「出ちゃうんです」（地面を這う、水上を泳ぐ・潜る、木に巻き付いて登る……）。まさに「こんなん」を作ってみたい！

タイプの移動体は、下にはクローラが装着されているので路面の不整地には対応できるものの、上にはクローラが装着されていないので、狭隘《きょうあい》な瓦礫内空間など本体の上方に障害物がある場所には進入することができない。クローラそのものを大きくしても同様だが、上下クローラ方式を用いると、瓦礫内に頭を突っ込んで中にどんどんめり込んでいくという性能が生まれる（図6・3）。

しかし、実験室では上下クローラ方式が有効であることを確認できても、自然環境でMOIRAを動かすと、途端に運動性能が落ちる。とにかくボディが「硬い」のである。本体が金属で構成されていることに由来する「構造体としての固さ」とともに、関節の硬さや捻れにくさなどの「運動面における硬さ」も、高度な走破性を得るには障害となる。普通の自然環境でもうまく動かないものを、瓦礫やぬかるみなどからなる災害現場に持っていくだなんて到底できないと痛感した。ただ、消防隊員の方々にヒアリングを行った結果、ヘビのような長尺ロボットは狭隘な瓦礫の中に侵入するのに有効であり、開発が期待されているということはわかった。

それ以来、私の頭の中には「とにかく、細長くて、柔らかくて、グニャグニャしたモノ」というイメージが住みついていたのである。それが小林CRESTの開始によって図6・1のような人工物として具象化した。このロボットは陰的制御によって制御されるので、「陰的制御によって制御されるムカデロボット＝Implicit Controlled Centipede robot」、すなわち「i-CentiPot」と命名した。これがi-CentiPotの着想である。

図6.2
瓦礫内探査ロボット MOIRA-I（左）と MOIRA-II（右）。特徴は、胴体の上下にクローラが対向して装着されている点である。これを上下クローラ方式と呼ぶ。

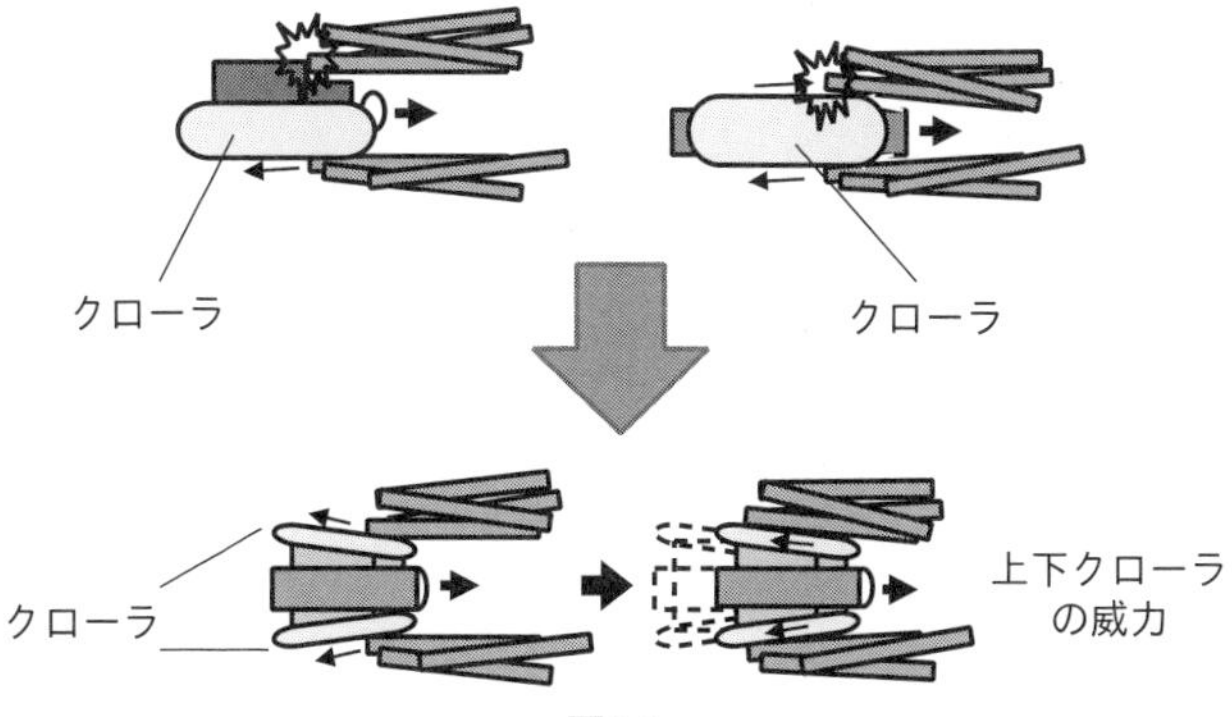

図6.3
狭隘な瓦礫内空間に入っていこうとすると、普通のクローラ型移動ロボットでは頭が天井に当たって中に入ることができない。それに対して、上下クローラであれば瓦礫の中にめり込んでいくことができる。

6・2 i-CentiPot の誕生

こうして i-CentiPot の構想を練りはじめ、まずは次のような仕様を考えた（2016年7月11日）。

①できるだけ実際の生物のような動きをする。逆制御学で見ることを想定するので、まずは見る側がどのように感じるかが最重要課題である。
②走行実験は、実験室のみならず屋外の自然環境で行うこととする。
③陽的制御則は極力省き、前進・停止のみ残し、それ以外の動きはすべて陰的制御則が支配する。
④全長1m、全幅15cm、体重2kg程度とする。
⑤胴体は15リンク以上の多関節構造とする。
⑥各関節は3自由度の受動関節とする。
⑦脚は柔らかく、胴体の各リンクに1対ずつ装着する（全部で30脚以上）。
⑧動力源はモータとし、最低限の個数にする。

⑨動力の伝達は可撓性シャフトで行い、これが本ロボットの脊椎の役割を担う。

そして、図6・4のようなポンチ絵を描いた。この仕様とポンチ絵は、2つの技術がヒントになって生まれた。一つは、岡山理科大学の衣笠哲也氏による「柔軟全周囲クローラ（FMT）」[6]という研究である（図6・5）。FMT[7]の胴体は多関節構造であるため、胴体内を貫通した複数のワイヤーを操作することによって、胴体を能動的に屈曲することができる。これはi-CentiPotの胴体構造を考える際に参考になった。もう一つは、岡山理科大学の林良太氏の「可撓性シャフトを用いたクローラロボットの遠隔操縦機構」[8]という研究である（図6・6）。可撓性シャフトとは、密に巻かれたコイルバネのような線材で、回転軸まわりの捻れに対しては硬く振る舞うので、先端に加えられた回転トルクをシャフトに沿って伝達することができる。これは、屈曲する胴体全体に駆動力を伝達する方法を考える際に参考となった。

これらの技術を集約してCAD図面が描かれ（2016年7月21日）、胴体や脚の部品は3Dプリンタで出力し、2016年8月には早くも試作機が完成した[9]（図6・7）。胴体の関節が柔軟なので、路面の凹凸に倣う形で移動し、ある程度生き物らしい動きが実現できた。ただ、全体的に形が「四角い」ので、より生き物らしく「まぁるく」すべきだろうと、胴体の底面を半円形にして再度試作した（図6・8）。この改良で胴体の屈曲などがスムーズになり、さらに生き物らしさが出てきたものの、この時点

6　衣笠哲也、大谷勇太、土師貴史、吉田浩治、大須賀公一、天野久徳：柔軟全周囲クローラ（FMT）―無限軌道と脊椎構造を用いた新しい移動機構―、『日本ロボット学会誌』、27巻1号、pp.107-114（2009）

7　Flexible Mono-Tread Mobile Track.

8　林良太、辻尾昇三、余永：可撓性シャフトを用いたクローラロボットの遠隔操縦機構、『日本ロボット学会誌』、25巻3号、pp.422-428（2007）

9　衣笠哲也氏（岡山理科大学）による。

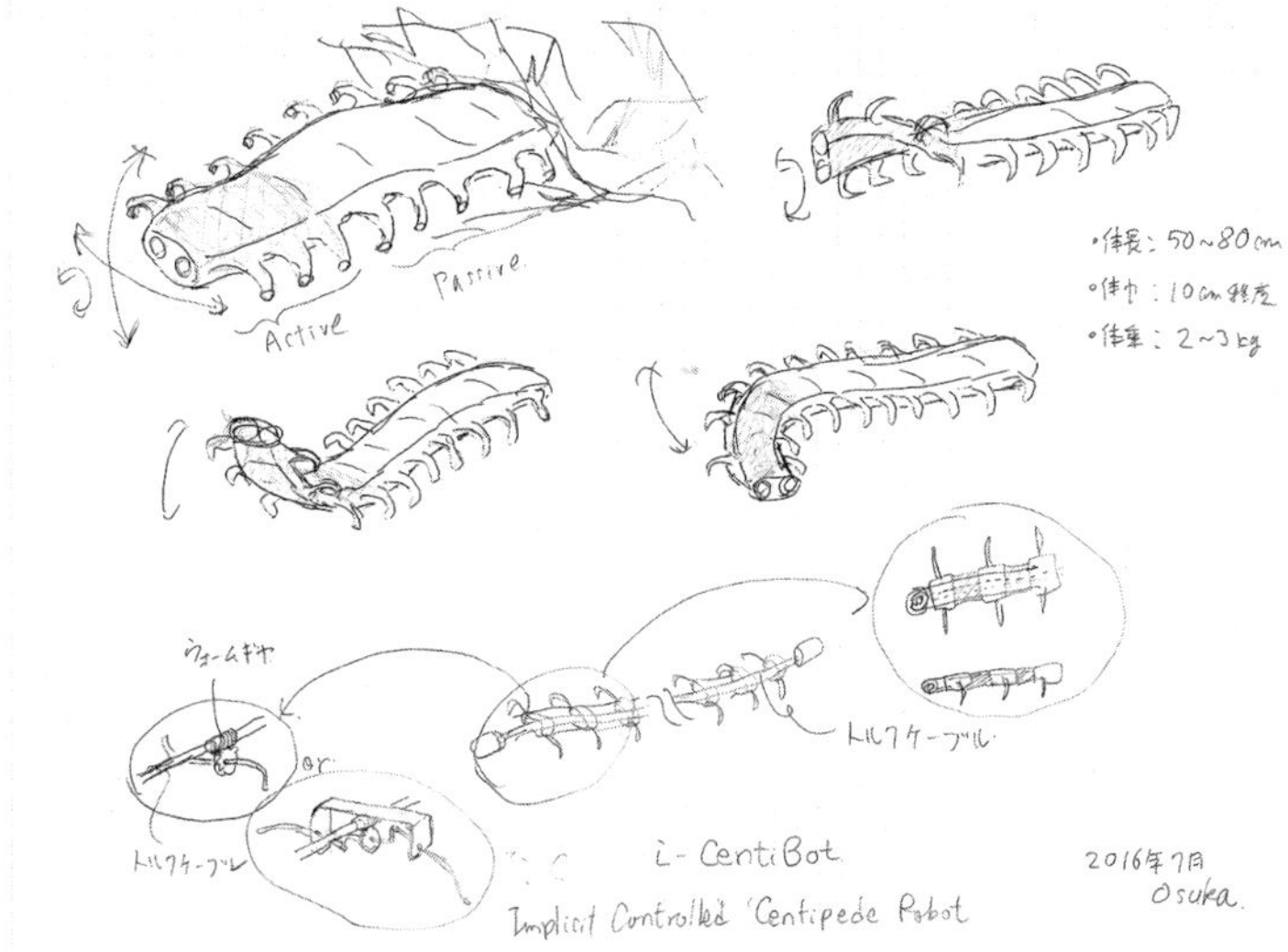

図6.4
「そうだ、こんな構造にすれば作れるぞ」と思い、描いたポンチ絵。ほぼ受動的な関節で構成されていて、背骨のような柔軟なシャフトで動力を伝えてやれば、モータ１つで駆動できるぞ。
この段階ではi-CentiBotとなっているが、その後i-CentiPotとした。なぜならCentipedeの「p」を入れたかったからである。

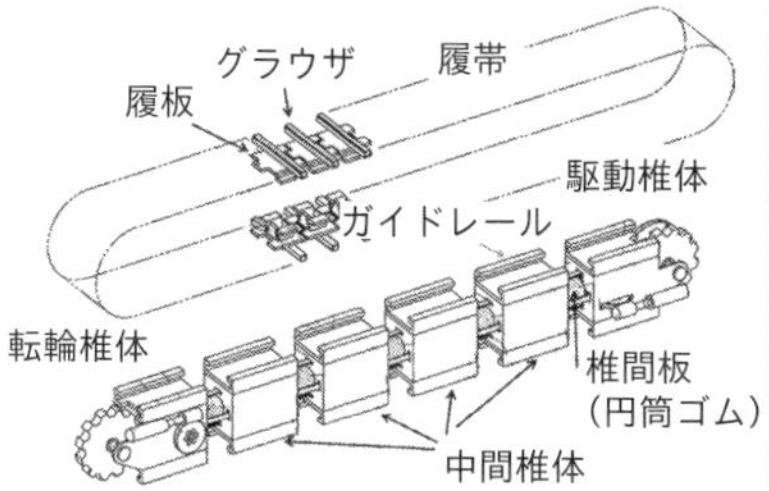

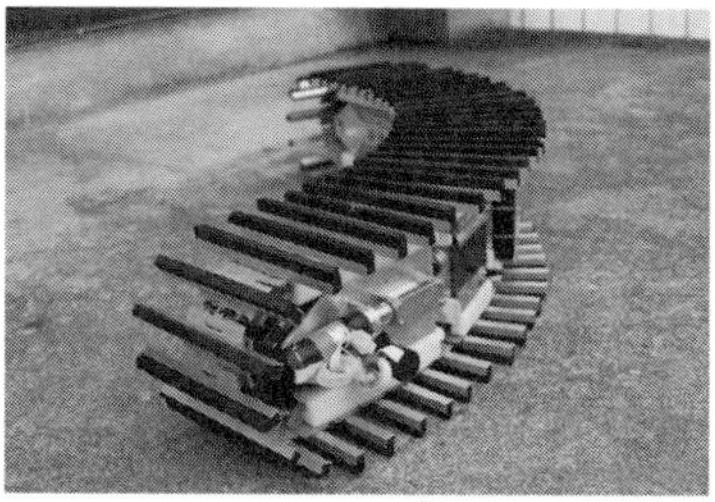

© 吉田・衣笠研究室

図6.5
胴体の柔軟性を実現するのに思い出した、衣笠哲也氏によって開発されたロボット WORMY。

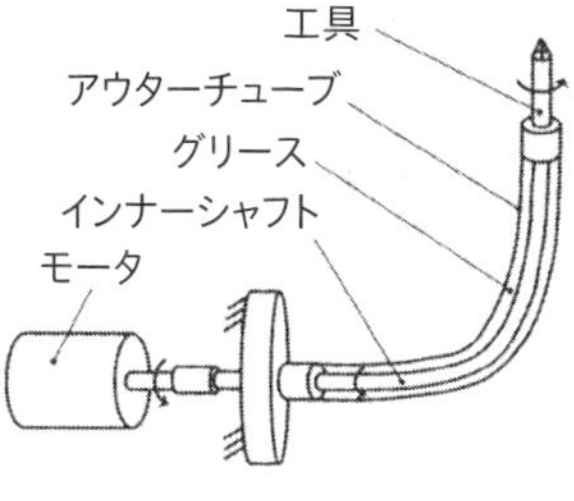

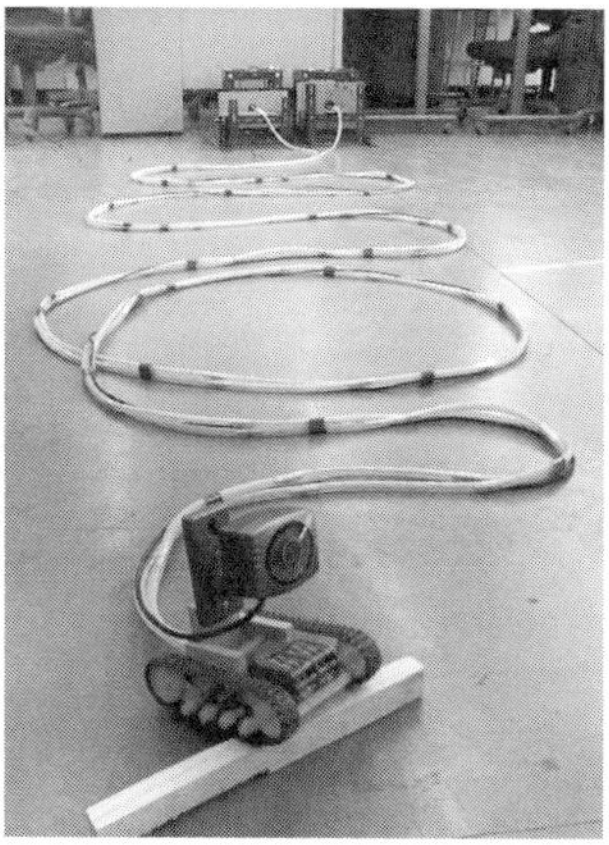

© 林研究室

図6.6
曲げることができるシャフト（可撓性シャフト）によって動力を曲線で伝えるロボットを開発していた、林良太氏の研究を思い出した。

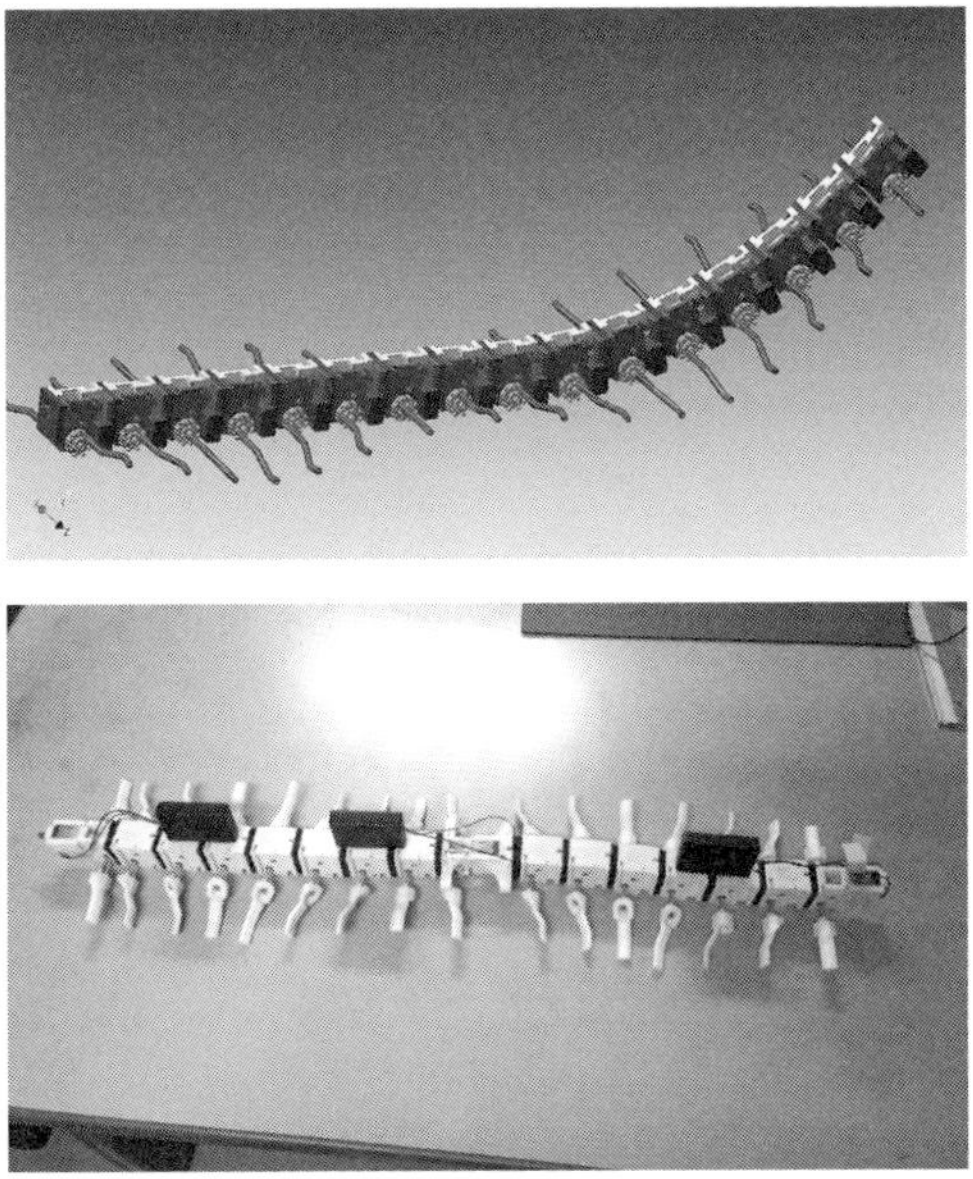

図6.7
衣笠哲也氏による CAD をもとに 3D プリンタで出力した試作機。胴体が四角くて、脚が固い。

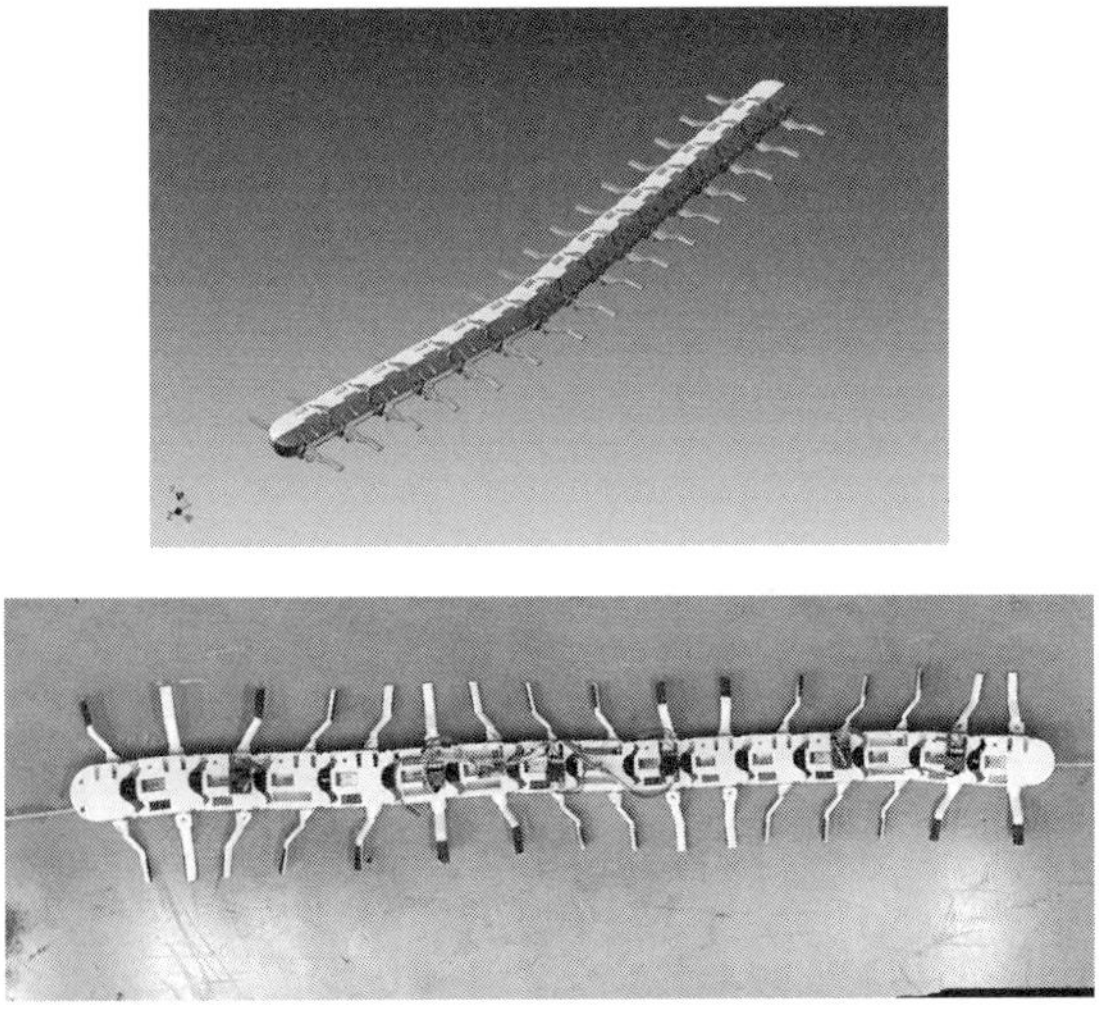

図6.8
i-CentiPot 誕生前夜。

ではまだ脚には硬い素材を使用していた。そして、小林氏とのディスカッションの結果、より一層生き物らしさを追求するために、脚を柔軟にすることにした。そこで東北大学の石黒研究室が所有している3Dプリンタ[10]に登場願い、柔軟性のある脚を何種類か試作して、その中から適度な柔らかさを持った脚を採用した（2016年10月9日）[11]。

以上のような経緯で、2016年11月にi-CentiPotが完成した（図6・9）。2016年6月の着想からわずか4ヶ月後の完成という異例の早さで開発できた要因は、CAD図面を描いてくれた衣笠氏の能力の高さはもちろんであるが、高性能な3Dプリンタが使用できる環境であったこと、そしてなによりも構造が単純であったことである。なにしろ、主な内蔵物はモータ6個とギヤボックス程度である。その結果、先に紹介したMOIRA-IやMOIRA-IIの開発費用が2000万円ほどであったのに対し、i-CentiPotの開発費用はわずか16万円程度と安価であった。

さて、完成したi-CentiPotの仕様は次のとおりである。

全長：1.23m
全幅：185mm
全高：60mm
体重：1.69kg
脚：32本

10 印刷部品の柔らかさを連続的に変えることができる3Dプリンタ。

11 大脇大氏（東北大学）、石黒章夫氏（東北大学）のご協力を得た。

図6.9
最終的に試作されたi-CentiPot。胴体は丸く、脚は柔らかくなった。

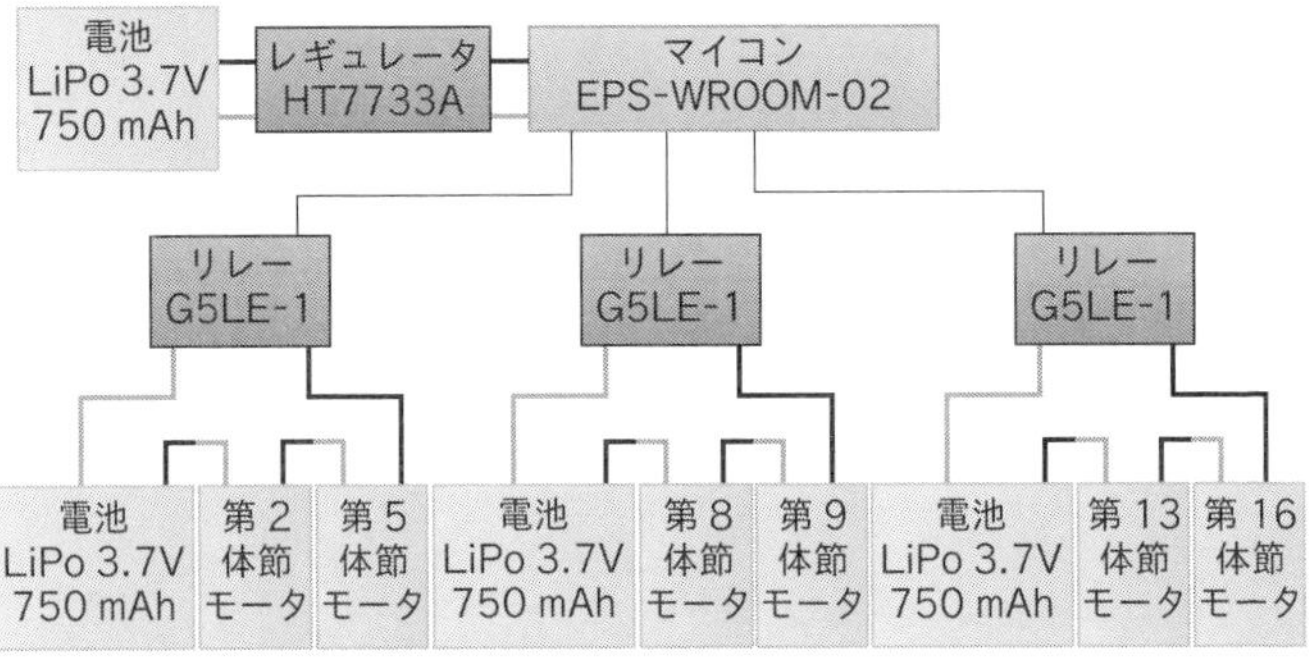

図6.10
i-CentiPotのシステム構成図。主な内蔵物は、モータと電池である。遠隔でスイッチをON/OFFさせるためのマイコンが積まれているが、運動制御には使っていない。

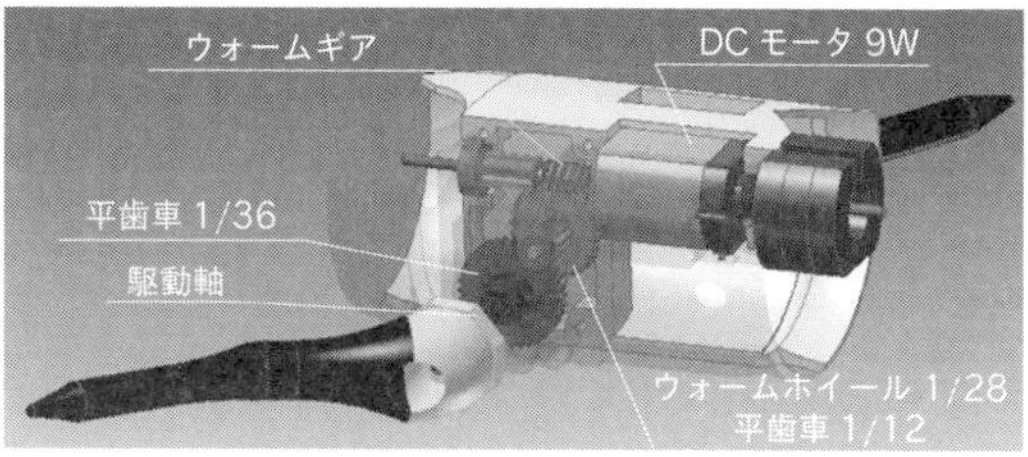

体節（モータあり）

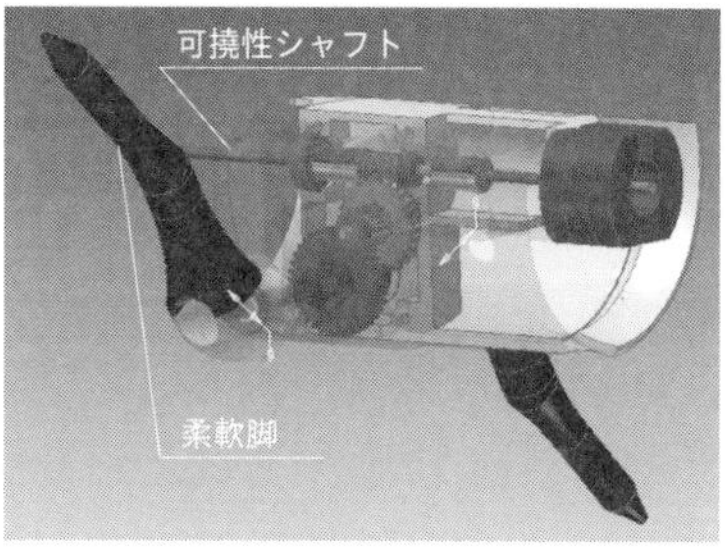

体節（モータなし）

図6.11
胴体を構成するリンクの内部構造。上はモータが入っているリンクで、モータのシャフトは双方向に出ており、それによって可撓性シャフトでモータを連結できる。下はモータが入っていないリンクで、ここは単に歯車が入っているだけである。

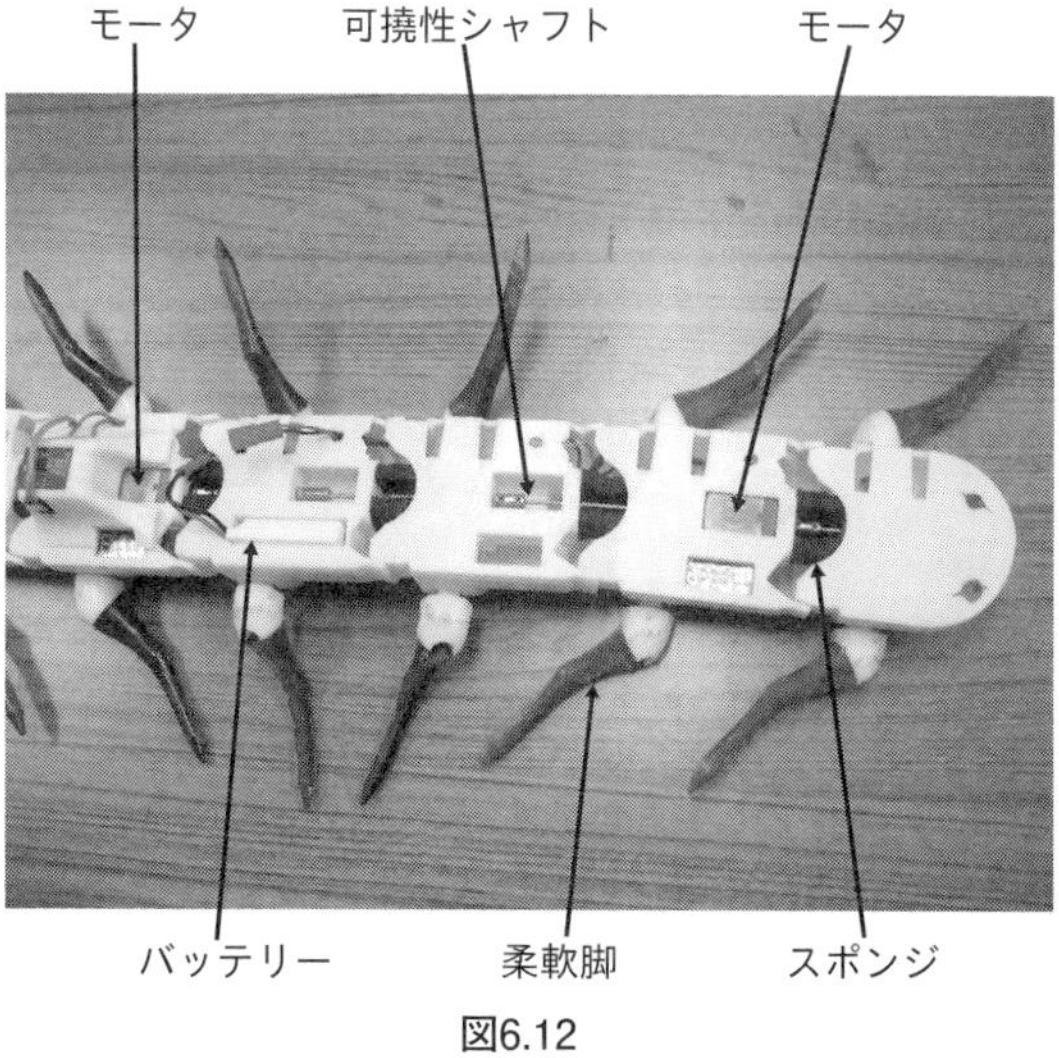

図6.12
i-CentiPot を上から見た写真。

胴体セグメント：16個
モータ：6個
バッテリー：4個
リレー：3個
通信モジュール：1個
レギュレータ：1個

これらの結線図を図6・10に示す。リレー[12]はi-CentiPotの電源を入れるためのスイッチとして用いており、通信モジュールは遠隔からスイッチのON／OFFを行うためのもので、制御用ではない。

脚全体は各リンクのほぼ中央に配置し、すべての脚が全身を貫く可撓性シャフトで同期されているので、一斉に動く。可撓性シャフトには脚駆動のためのウォームギアがはめられ、これで左右の脚を回転させるのである。図6・11（上）がモータを内蔵しているリンク（第2、5、8、10、13、16リンク）内の構造で、図5・11（下）がモータのないリンクの内部構造である。また、図6・12はi-CentiPotの前から4リンクの構造である。脚は根元が硬く先端が柔らかい素材でできており、各胴体リンクは可撓性シャフトを中心に球面関節で連結され、その間にはスポンジが挿入されている。これは屈曲関節に働く適度なダンパー[13]になっている。

12　外部信号を受けることで電気回路のON／OFFを切り替える素子。

13　一般的に、ダンパーとは、振動する機械などが持っている運動エネルギーを摩擦や粘性によって消散させて、運動を減衰させる要素である。

6・3 i-CentiPotが見せる知能の源泉

これで役者は揃った。

問い：高度な知能ではなく知能が生まれる源流、すなわち「知能の源泉」はどこにあるのだろうか？

仮説：身体の中に知能を生み出す装置があるのではなく、身体と環境との相互作用、さらに言うと環境にこそ「知能の源泉」があるのではないだろうか？

概念：「知能があるから知能を感じる」のではなく、「知能を感じるから知能の存在を確信する」。それを工学的に説明するために、順逆制御学・陰陽制御という考え方を構築した。

実験：仮説を検証するために、明示的な知能（陽的制御）を極力省いた、陰的制御で行動するムカデ型ロボット i-CentiPot を試作した。

では、これらを総合して、本書の結論を導こう。

まず、第1章で示したものとは別の自然環境でi-CentiPotを移動させてみた（2017年6月14日、大阪大学にて）。図6・13がそのときの様子で、(1)〜(10)は時間経過に応じて撮影したスナップショットである。今回もまた、木があるとそれをよけて前進しているが、興味深いのは、木をよけた後にまた元のコースに戻っていることである。この動きを見たとき、その場にいた我々は[14]「あ！　よけた！」「あ！　すごい！　曲がった！」と思わず声を上げてしまった。i-CentiPotは、あたかも意図を持って前進し、木をよけたように見えた直後、外れたコースに復帰するというさらに意図を感じる行動をとったのである。[15]その瞬間、我々はそこに「知能」を感じた。では、その知能はどこから生まれるのだろうか？

この状況を、第5章で会得した「陰陽制御」を使って「腑に落ちて」みよう。まず、i-CentiPotが地面を這う様子を見て、私たちは、「前に向かって移動するように制御されている」という「制御目的」を感じ、i-CentiPotを「制御対象」だと意識した。その瞬間、「制御の視座」に立ったのである。これが理解の第一歩である。次に、私たちはi-CentiPotが地面を這う様子に、制御対象、制御則、環境といった制御構造の構成要素を見いだそうとする。これが「逆制御学」である。ところが、作った本人である私たちには、i-CentiPotに制御則を組み込んだ覚えはない。せいぜい、モータに電池をつないで正回転させたくらいで、ほんの一粒の陽的制御が加えられているにすぎない。それなのに、i-CentiPotは地面をクネクネと這い回り、木をよけた

14 小林亮（広島大学）、青沼仁志（北海道大学）、大須賀公一（大阪大学）、石川将人（大阪大学）、杉本靖博（大阪大学）、佐倉緑（神戸大学）、李聖林（広島大学）。

15 我々は、i-CentiPotがそのままコースを外れてしまうと予測した。その意味では、予測不可能性も感じた。

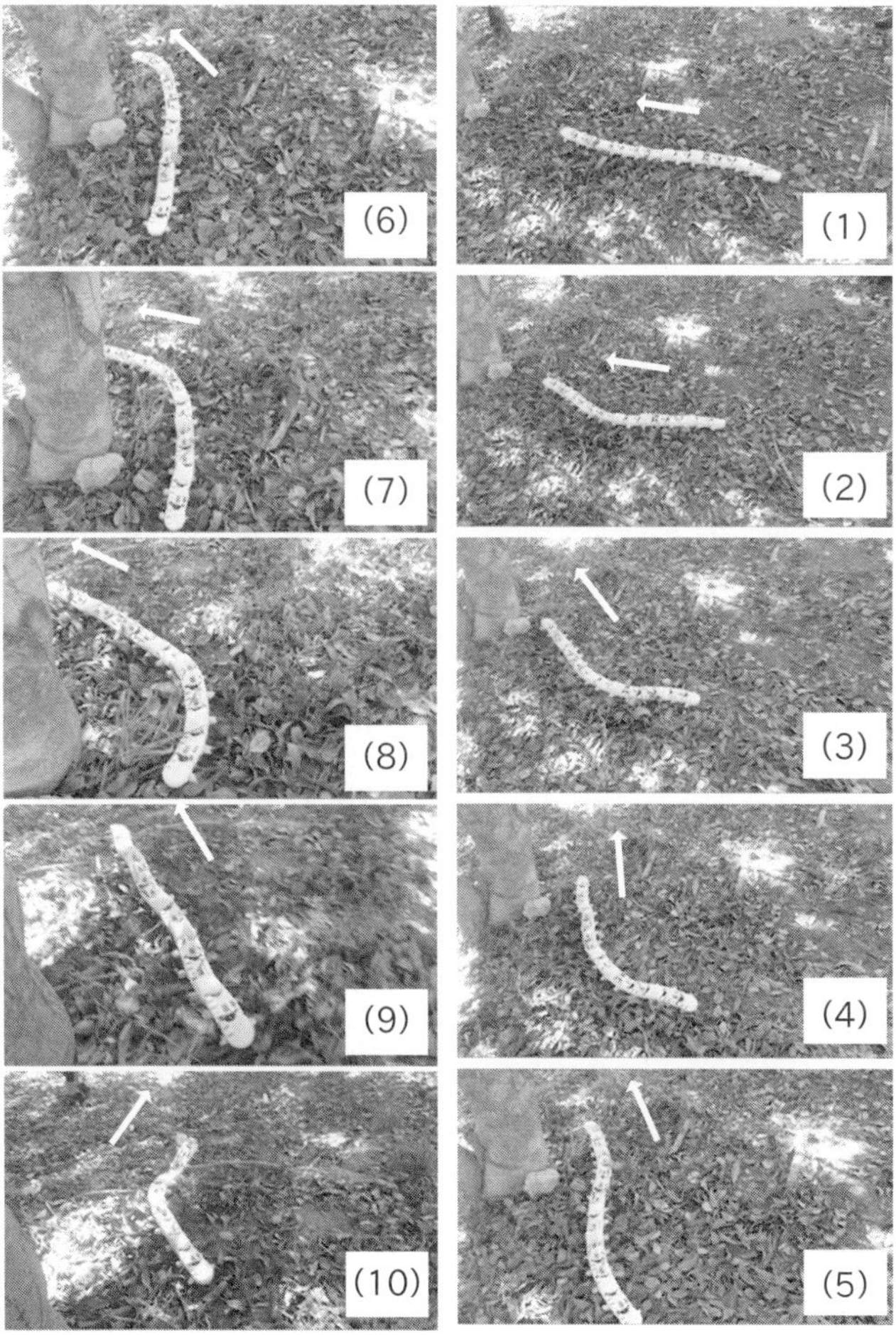

図6.13
i-CentiPot が木をよけてまた元の軌道に戻っていく様子がわかる。知能を感じてしまった！

り、またもとのコースに戻ったりする行動を見せ、私たちはそこに制御則を感じた。とすると、その制御則は第5章で導入した「陰的制御則」でなくてはならず、それはi-CentiPotと地面との相互作用の中に生まれたものであると解釈できる。

さて、実際にどのような陰的制御則が生まれたのかを知るには、今度は「物理の視座」に立たなければならない。制御の視座を否定するわけではなく、制御の視座に物理の視座を重ね合わせるのである。実は実験の後、図6・14に示すように、路面にはちょうど木をよけるように少し窪んだ溝があったことがわかった。その中に入ったi-CentiPotは、外側に出ようとすると重力によって溝の底に引き戻されるため、溝に沿ってうまく進んでいるように見えたのである（図6・15）。この、i-CentiPotを溝の底に引き戻す復元力は、私たちには制御則に見えるが、これはi-CentiPotと地面が接触しているときにだけ現れ、分離されると消えてしまう。したがって、この復元力が陰的制御則であり、我々に「あるルートに沿って移動しているというi-CentiPotの意図」を感じさせる要因になっているのである。これを絵に描いたものが、図6・16である。この図は、制御対象であるi-CentiPotにはほんの小さな陽的制御則が組み込まれているにすぎないのに、「意図性」を感じる動きを見せるのは、そのほとんどが環境との相互作用から生まれた陰的制御則によるもので、その発生源は環境であるということを示している。

また、知を感じるためのもう一つの条件「予測不可能性」は、どこに由来するのだろ

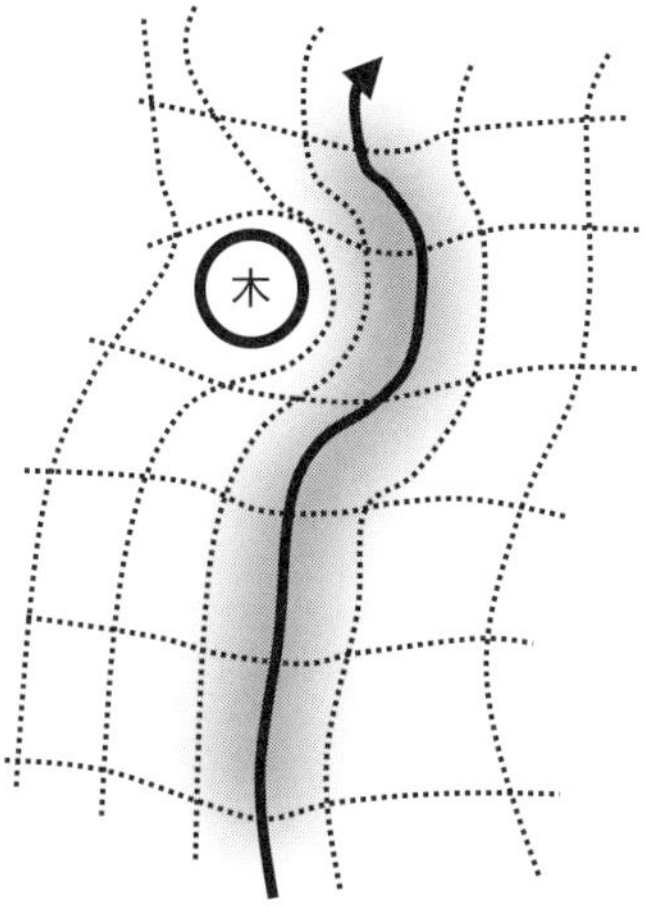

図6.14
i-CentiPot が走行した地面の高低差を表現すると、この図のようになっている。結局、低いところを探して移動しているだけなのだ。

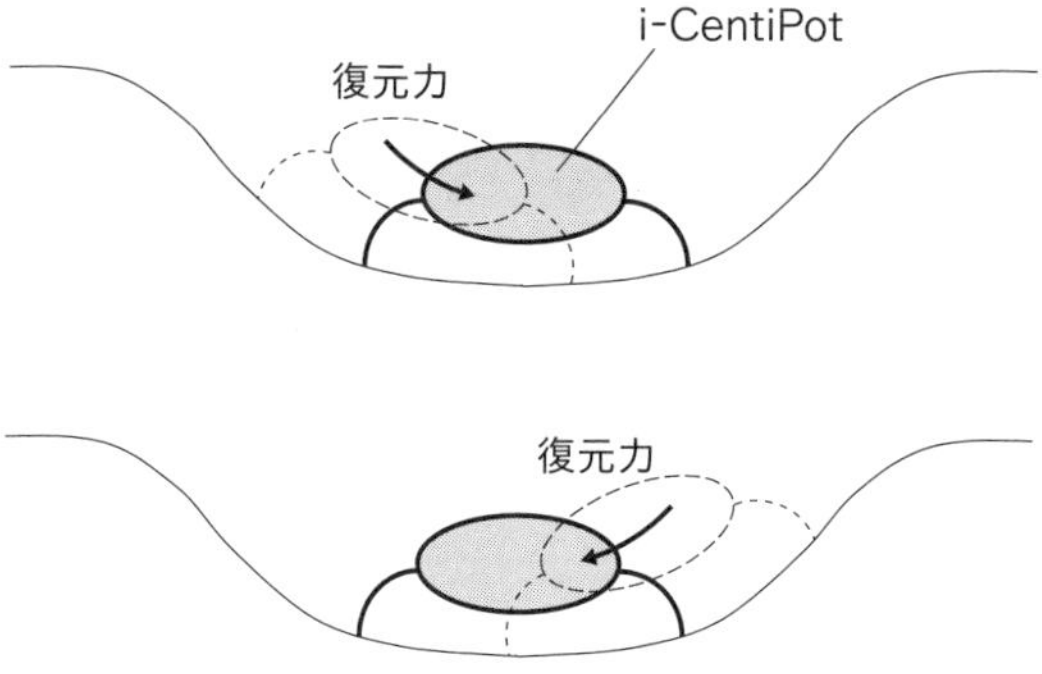

図6.15
ちょうどスリバチの中にいるようなもので、i-CentiPot が縁に登ろうとすると、下に引っ張る復元力が発生する。この作用によって「意図性」が感じられ、それは環境の形態から生み出される。

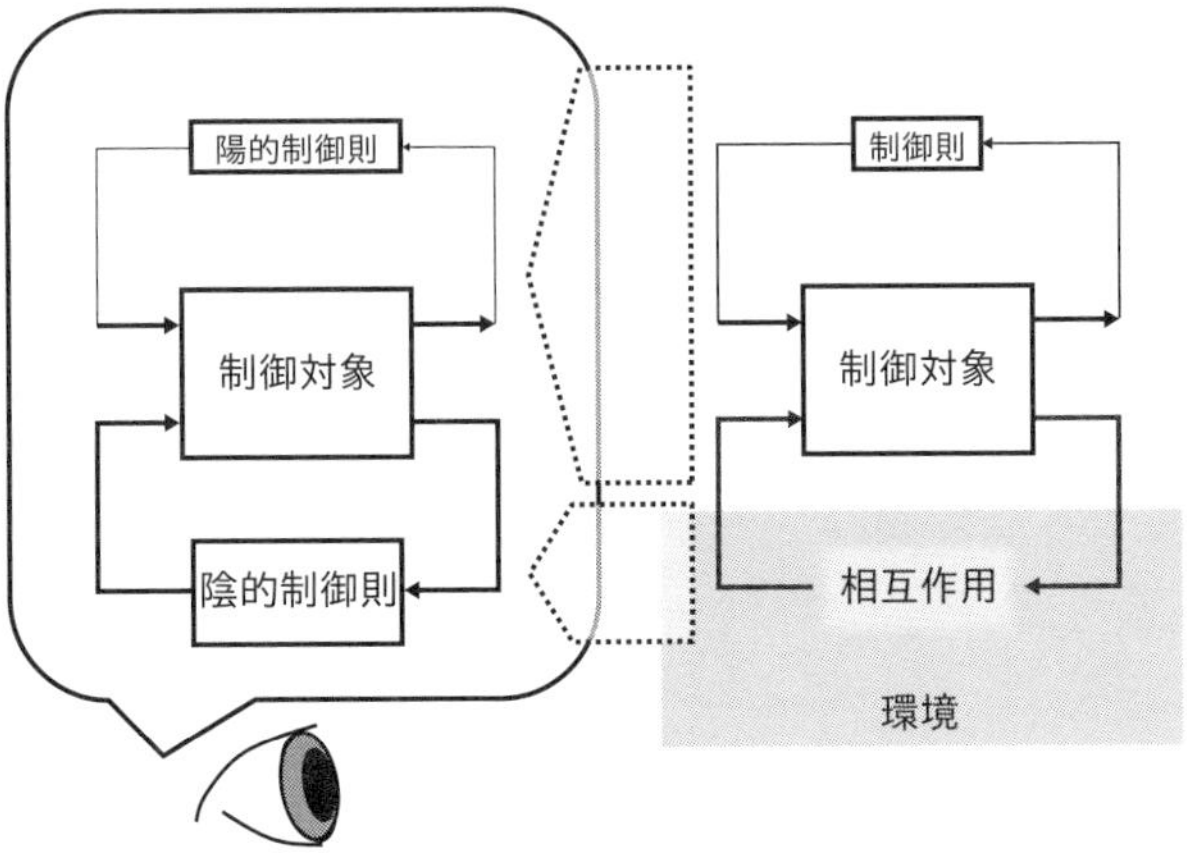

図6.16
i-CentiPotの場合、陽的制御はほぼない。それにもかかわらずうまく動いている(ように見える)。なぜならそこに陰的制御則が生まれたからだと解釈する。

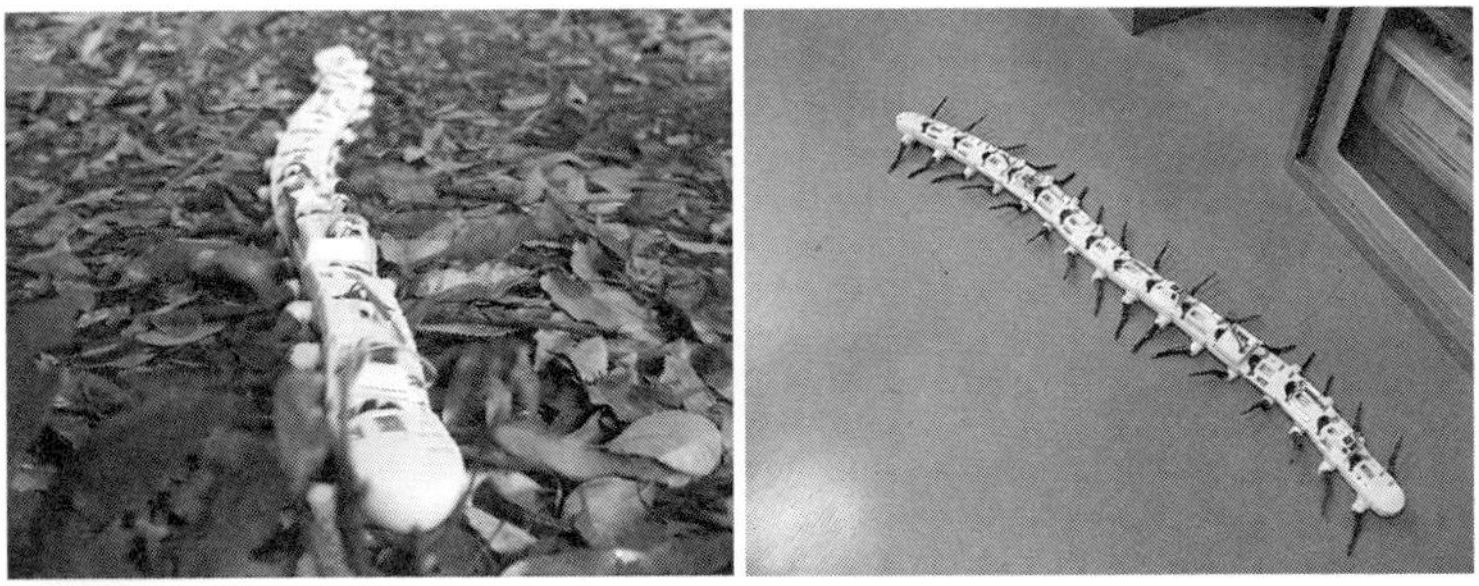

図6.17
地面を動くと気持ち悪さが自然に出るが（左)、平らな床だと単なるおもちゃに見える（右)。

うか？　この実験を行ったとき、路面は落ち葉などで覆われており、その下がどうなっているかは見えなかった。そのため我々は、溝が図6・14のように木の横で曲がっており、さらにもとの方向に戻っているということを事前に把握していなかった。また、環境は適度にガタガタであり、そのために i-CentiPot の胴体が適度に予測不可能に曲げられる。それゆえ、i-CentiPot の動きを予想外と感じたのである。実際、図6・17のように自然環境を移動する i-CentiPot と部屋の中を移動する i-CentiPot の動きを比較すると、自然環境の中では知的に意図を持って動いているように見えるが、部屋の中ではまっすぐ進むだけの単なる機械に見える。両者の差は、環境が持つ「無限定性」の度合いしかない。

以上をまとめると、i-CentiPot に感じる「知能の源泉」は陰的制御則から生まれており、さらに奥にある一番の根源は「環境（形態と無限定性）」であると言える。

これが本書で求めていた「知能の源泉」である。知能の全貌は手に負えないが、すべての生き物に共通する知能の源泉を特定することはできた。「知能の源泉はそのモノの中にあるのではなく、環境こそがその正体であった」。私たちはこれを称して「知の理解が裏返る」と表現している。

6・4 まとめ

こうして旅のゴールにたどり着いた。まず「知能の源泉って、どんなのかなぁ？」という問いを設定し、それに対して仮説を設け、さらに実験機を用いて検証した結果、最後にたどり着いた答えは「環境」であった。これは、知能の本質は何か特別な装置から発生するのではなく、私自身の頭の中に生み出されたイメージである、ということを意味する。[16] 1893年、南方熊楠は真言宗の僧侶土宜法龍に送った手紙の中に図6・18のような絵を描き、「心界が物界と交わりて生ずる事」と書いている。[17] これは「物はただ単にモノであるが、そこにそれを見る人の心が重なると、その人にとって意味のあるコトになる」という意味で、本書で得られた結論はまさにこれに通じる。何かに知能を感じるのは、そこに知能という実態が存在するからではなく、それを見る人の心がそのように見ようとしているからなのである。そんな主観的な、と思われるかもしれないが、第3章でも議論したとおり、私は、「主観と客観を二元論的に区別すること自体が主観的であり、突き詰めて考えると、私たちは主観的世界観の中でしか理解しえない」という現代哲学の考え方に賛同し、この結論を得た。

16　ここではさらに踏み込むことはしないが、私は、自分の中にモニターが存在していて、そこに映し出される相手の姿に知能を感じている、と捉えている。この能力はいわゆる問題解決能力ではないので、普通私たちが思い描く知能ではないと考えている。これは意識などと言われている働きなんだろうと思う。意識に関する文献は、例えば以下などがある。
マイケル・S・ガザニガ（著）、藤井留美（訳）『〈わたし〉はどこにあるのか　ガザニガ脳科学講義』紀伊國屋書店（2014）
クリストフ・コッホ（著）、土谷尚嗣、小畑史哉（訳）：『意識をめぐる冒険』岩波書店（2014）
マルチェッロ・マッスィミーニ、ジュリオ・トノーニ（著）、花本知子（訳）：『意識はいつ生まれるのか―脳の謎に挑む統合情報理論』亜紀

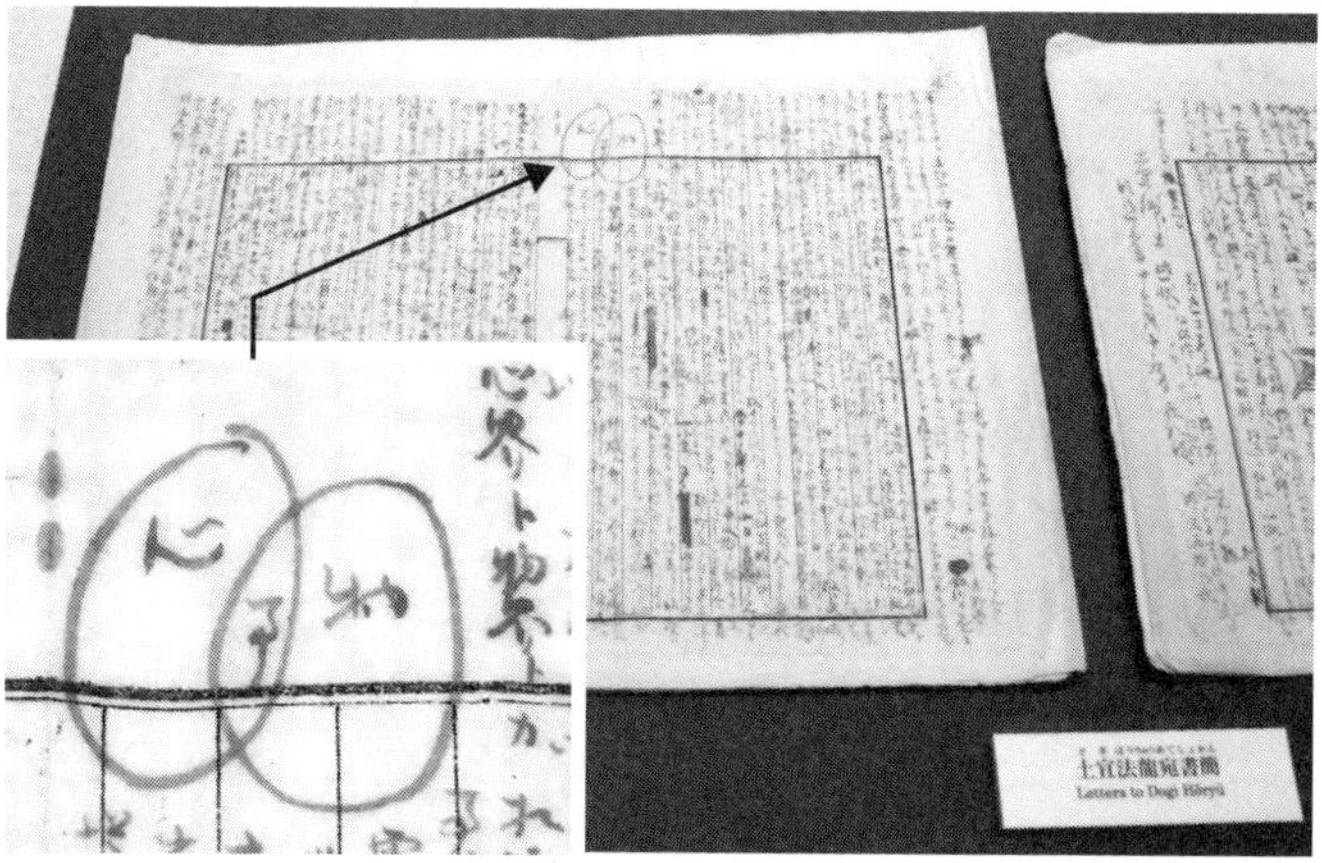

図6.18
南方熊楠の考え「モノに心が交わりてコトになる」。モノは単にモノであるが、そこに見る側の気持ち（心）が重ねられると意味のあるコトになる。
写真は、南方熊楠が土宜法龍に宛てた手紙。（南方熊楠記念館所蔵、許可を得て著者撮影。）

※このムカデロボットは製品の状態より長くしてあります。

図6.19
i-CentiPot をもとに開発され商品化された「ムカデロボット工作セット：CENTIPEDE ROBOT」。原理は同じなので、i-CentiPot に感じた生き物感を同様に感じることができる。したがって、このロボットを使うと本書で述べたことを追体験することができる。

振り返ってみると、本書では科学哲学の手順に従って考察してきたことに気が付く。本書の第1~2章では、素朴な疑問から始まり、生き物を観察することから生まれた哲学的考察について述べた。そして第6章で、具体的なハードウェアi-CentiPotを用いて、工学的に第1~2章の哲学的考察を検証した。その間の第3~5章では「陰陽制御」について説明し、哲学的考察と工学的検証との間をつないだ。第3章ではモノゴトの理解の第一歩である「視座」について述べた。第4章で述べたモデルベースド制御は陰陽制御における陽的制御の基礎になり、受動的動歩行の研究は陰的制御の芽となった。そして第5章で紹介した「移動知」によって逆制御学の考え方が生まれ、それによって陽的制御と陰的制御が明確に融合することで「陰陽制御」の考え方が確立した。哲学的考え方である逆制御学や陰的制御と、工学的考え方である順制御学と陽的制御が重なりあった陰陽制御は、まさに両者の橋渡しをする役割を果たしているのである。

最後に、読者の皆様にもi-CentiPotに感じた「知能」あるいは「気持ちわる!」という感覚を手軽に感じていただくために、購買可能な模型を紹介しておく。それは㈱タミヤから販売されている「ムカデロボット工作セット:CENTIPEDE ROBOT」で、本書の主役であるi-CentiPotをもとに開発されたタミヤの「楽しい工作シリーズ」の一つである(図6・19)。中央の胴体部分(少し太い胴節)にモータ1個と単四電池2本が搭載されており、そこから自在継手付きシャフトを介して前後の各胴節にトルクを伝え、すべての柔らかい脚を同時に動かす。i-CentiPotと同様、いわゆる陽的制御則は

書房(2015)
17 南方熊楠(著)、中沢新一(編):『南方マンダラ』、p.62、河出書房(1991)

搭載されていないので、陰的制御則の存在を実感していただくことができる。

本書の趣旨ではないが、このi-CentiPotが商業製品につながったことは非常に興味深い。なぜなら、私は何かの役に立てようと思ってi-CentiPotを開発したのではなく、純粋に「知能の源泉」を探りたくて作ったので、これまでの研究の中では最も産学連携から遠いところにいるつもりだったからである。それなのに、i-CentiPot完成の1年後に、その模型（実は模型のほうが、本家よりもある意味洗練されている！）が製品化されたことは驚きであった。この「CENTIPEDE ROBOT」は直接何かの役に立つことはないかもしれないが、実は本書で述べたような学術的考察やものづくり教育などの教材としては役に立つモノであると言えよう。つまり、立派な産学連携の一例になったのだ。産学連携から遠く離れようとしていたつもりが、1周まわって、産学連携につながったという希有な経験をさせてもらった。古いアイドルで恐縮であるが、フォーリーブス[18]の「地球はひとつ[19]」の歌詞である「ボクから逃げようたって　駄目だヨ……／逃げれば　逃げるほど　ボクに近づくってわけ……／だって　地球は　まるいんだもん！」を体感したわけである。

18 フォーリーブスは、1967年に結成された4人組の男性アイドルグループである（1978年に解散）。初期のジャニーズ事務所を代表するグループである。

19 「地球はひとつ」北公次（作詞）、都倉俊一（作曲）

第7章

旅の終わりと新たな始まり

7・1 エピローグ

　前章までで、「知能の源泉」を探る旅は終わった。その正体は「環境が持つ形態と無限定性」という、単純なものであった。何度か述べたように、本書で求めたのはあくまでも「源泉」であり、「知能全体」は、いまだ大きな謎に包まれていることに変わりはない。とはいえ、源泉から湧き水が溢れ、それがだんだんと小川になり、さらに大河となって広大な「知能の海」を形成するのも事実である。知能の源泉を捉えたことは、今後知能全体を考察するにあたって、有用な足がかりとなるものと考えている。

　また、本テーマの考察を進めてゆく過程で生まれた「陰陽制御」の考え方は、様々な方面での活用が期待できる。本書では「1個体とそれを囲む環境との関係」に議論を集中したが、多数の個体が存在する場合でも、この「1個体とそれを囲む環境との関係」は成り立つ。その場合、ある1つの個体に注目すると、それ以外の個体は、注目した個体にとっては環境と見なせる。そしてその環境は、それらを取り囲んでいる文字通りの環境と重なりあい、全体として環境となる。例えば、A、B、Cという3つの個体があるとする。この場合、Aに注目するとAはAの陽的制御則を持っているかもしれないが、AとBとの関係に基づきAとBとの間には陰的制御則が生まれるだろうし、AとCとの間にも陰的制御則が生まれるだろう（図7・1）。BやCを中心に考えても、同様の関係が成り立つ。つまり、複数の個体間で陰的制御則のネットワークが形成され、その結果、全体が適切に調和するのである。この陰的制御則のネットワークという構造は、経済や人間関係、エネルギーネットワークなどの大規模システム等に見ることができ、必然的に分散制御系にならざるを得ないこれらのシステムの制御において、適切な陽的分散制御則を設計するための指針を与えることができるだろう。

ちなみに私は、個人的に陰的制御則の威力を実感したことがある。2009年9月にイェーナ大学のアンドレ・セイファース氏[1]を訪ねたときのことであった。イェーナ大学は、ドイツのイェーナにある1558年創立の古い大学で、街全体が大学のキャンパスになっている（図7・2）。セイファース氏はイェーナに生まれ、イェーナ大学を卒業し、当時イェーナ大学で研究を行っていた。彼の研究領域は私と近く[2]、いくつかの興味深い成果を上げている。私よりも若く、背も高く、少しハンサムである。おそらく私より少々頭も良いが、かといってずば抜けた天才とは思えない。それにもかかわらず、研究のスケールが大きく、奥が深いのである（そう感じた）。私は「いわゆる身体的ハードウェアにはそれほど違いがないのに、どうして研究の深みにこれほど違いが出るのだろう……。」と非常に不思議に感じ、そしてハタと気が付いた。「そうか、陽的制御則はほぼ同じだけど、陰的制御則が違うのか！」と。

1 現在はダルムシュタット工科大学に勤務している。

2 例えば、歩行動物の身体をシンプルなモデルで表現することで歩行動作の本質を探ろうとする研究などがある。
Maus, H. M., Rummel, J. and Seyfarth A.:Stable Upright Walking and Running using a simple Pendulum based Control Scheme.
http://et-juergen.de/Publications/Maus08CLAWAR_manu.pdf

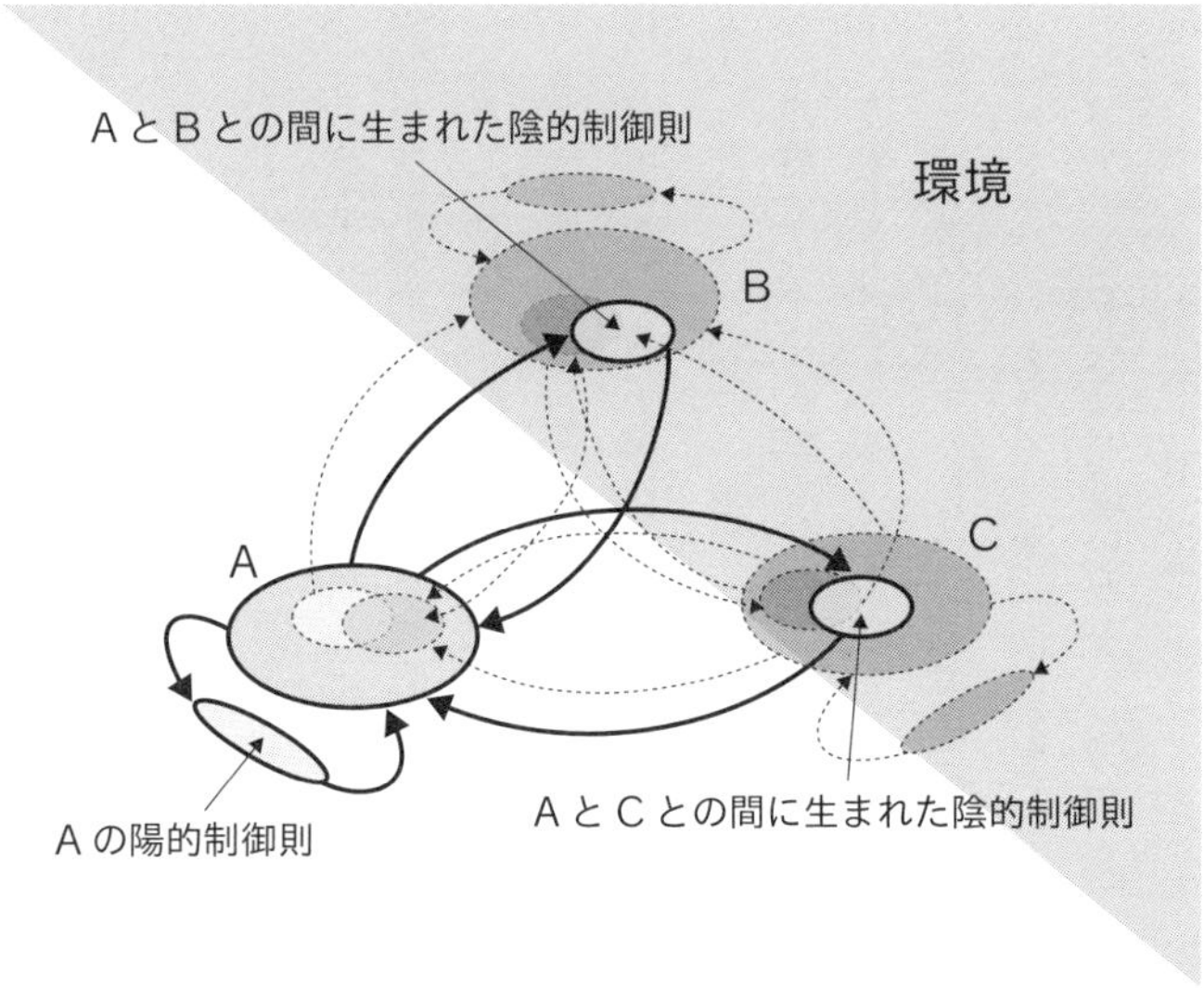

図7.1
陰的制御則は1個体と環境との関係のみならず、多個体同士の間にでも生まれる。その場合、陰陽制御則のネットワークが構成される。

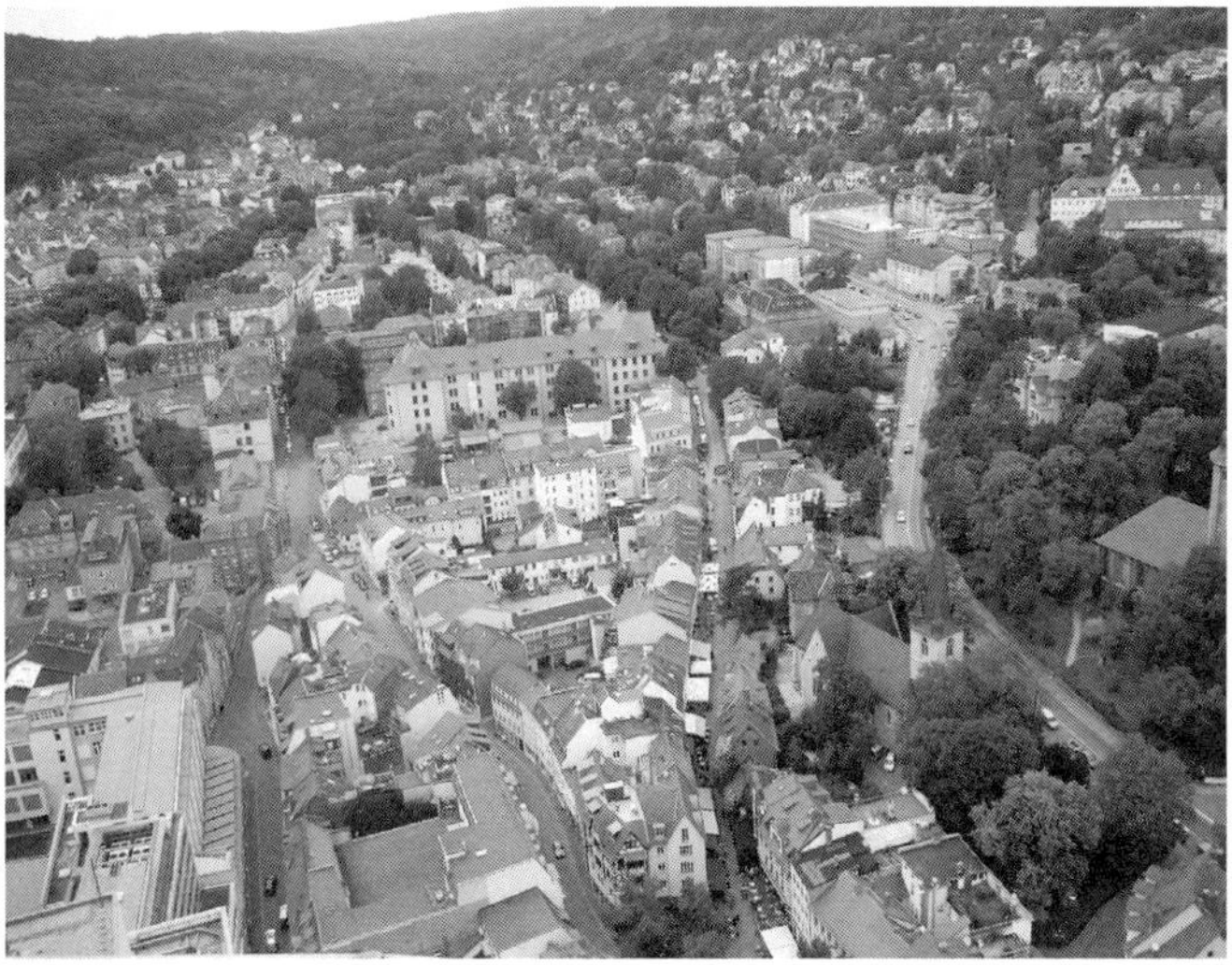

図7.2
ドイツのイェーナという街。イェーナ大学があり、時間がゆっくりと流れている。この写真は、イェーナ大学の塔から撮影した。

日本で生まれ、多くの時間を関西地方で過ごした私に対し、彼はイェーナで生まれ育った。関西とイェーナでは、いわば時間の進み方が違うのである。関西（というより日本全体）では時間の進み方が早く、じっくりとモノゴトを考える雰囲気ではないのに対して、イェーナの時間の進み方は明らかにゆったりとしている。なにしろゲーテ[3]が住み、フィヒテ[4]やヘーゲル[5]が哲学の教鞭をとっていた街である。イェーナにはモノゴトを深くじっくりと考える雰囲気が漂っているのである。このような環境の違いは、同じ身体（制御対象）に対しても大きく異なる陰的制御則を生むに違いない。そう考え、「それじゃあしかたないわ」と納得した（単なる負け惜しみだったかもしれないが……）。

私はこれまで様々な制御対象を制御してきた。多くの場合は、制御理論に則って制御則を設計し、それを実装するのだが、うまく制御できなかったことも多々ある。一方、制御対象が、制御理論が要求する仮定を満たしておらず、理論に則って設計した制御則ではおそらくうまくいかないだろうなと思いつつも、実際に動かしてみると、予想に反してうまく制御できたこともあった。うまくいかないときは、その原因を探して制御対象を改良したり、制御則を設計し直したりと様々に試行したが、予想に反してうまく制御できたときは（案外何度となく経験してきた）、「まぁいいか、うまくいったんだから。よくわからないけど仮定が満たされていたんだろう。」と前向きに考えて論文を執筆することが多かった。だが、振り返ってみると、理論上はうまくいきそうにないのになぜか成功した場合は、実は「陰的制御則」が生まれていたのだと思う。すなわち、自

3 ヨハン・ヴォルフガング・フォン・ゲーテ（1749-1832年）は、ドイツを代表する文豪として有名である。1775年に初めてイェーナを訪れたのち、1794年から数年間イェーナに滞在して当地の学者たちと交友し、イェーナ大学に対しても大きな影響を与えたと言われている。

4 ヨハン・ゴッドリープ・フィヒテ（1762-1814年）は、イェーナ大学を卒業し、その後1794年に同大学の教授になる（1810年にフンボルト大学の学長になる）。哲学者であり、徹底的な観念論者である。

5 ゲオルク・ヴィルヘルム・フリードリヒ・ヘーゲル（1770-1831年）は、哲学者でありフィヒテと同様観念論者である。1801から1816年の間、イェーナ大学の教授を務める。

分が設計した陽的制御則では不十分だったが、制御対象と環境との相互作用の中に適切な陰的制御則が生まれていたために制御に成功していたのではないだろうか。そう考えると、この陰的制御則をうまく味方につけることができれば、劇的にシンプルな陽的制御則で、驚くほど高性能な制御システムを構築できるのではないかと期待できる。

以上の私の体験を一般化してみよう。対象を自在に操る「制御の達人」になるには、次の3段階を踏まなくてはならない。最初の段階ではできるだけ詳細なモデルを求め、それをもとに制御則を設計する。この制御則は、詳細なモデルに呼応した複雑なものである。さて、制御対象の理解が深まり次の段階に進むと、シンプルなモデルでも的確に制御対象の特性を表せるようになり、その単純なモデルで制御則が設計できるようになる。そうなると、非常に単純な制御則で対象を制御できるようになる。そして最終的には、環境との相互作用をも味方につけ、すべてを陰的制御則で制御する「制御しない制御」という段階に至るのが理想である。これはおそらく究極の制御の姿であろう。

この流れは、まさに武道や芸事における「守破離《しゅはり》」の思想そのものである。学生時代に6年間ほど少林寺拳法の道院に通い、そのときにこの言葉を教わった（図7・3）。武道の修行では、弟子はまず師匠の演じる突きや蹴りなどの技をまねることから始める。これを「形《かたち》」の習得という。その段階では技の意味などもよくわかっていないので、師匠の身体の動きと自分の身体の動きとを比較して、できるだけ両者の姿が近くなるように、すべての関節角度を制御する。いわば、「フル陽的制御」である。この、師

（一社）SHORINJI KEMPO UNITY 提供

図7.3
少林寺拳法における演武。このような動きができるまでには長年の修行が必要である。

匠の教え・技などを忠実に再現しようとすることを「守」という。

さて、そこから数年を経ると、徐々に自分が行っている技の意味がわかるようになってきて、常に身体を制御するのではなく、肝心なところでのみ制御を行い、あとは自然に任せて動けるようになる。いわゆる「コツを掴んだ状態」で、自分が演じる技は、師匠の技とは異なるものの、その本質は再現できている。これが「破」である。ここに至ると「形」から「型《かた》」へ移行したと言われる。この段階に至ると、制御則の一部が個々の身体の特性に委譲され、シンプルな陽的制御則となる。第4章で紹介した「午前4時の戦い！」で、DARM-2が小太鼓を叩いたときの制御則は、まさにこの段階のものだったのである。そして、「破」を経てさらに修行を積むと、第3段階の「離」に到達する。この段階に達すると、自分の流儀を生み出すことができるとされている。

私は、残念ながら「破」の段階に少し足を踏み入れた程度で少林寺拳法から離れてしまったが、制御学においては、「離」が少し見えたような気がしている。私にとって「離」とは、第5章で提案した陰陽制御を極めることであり、そのためには、陰的制御という考え方を、受動的動歩行のような特殊な事例レベルではなく、一般論として数理的に体系化しなくてはならないと考えている。今後この作業を一緒に行ってくれるのが、石川将人氏（大阪大学）である。石川氏は元来、数学・非線形力学に基軸を置き、「私はあえて生物には学ばない」と宣言していた制御理論屋である（……であった）。しかしここ数年間で生き物の不思議さに目覚め、小林CRESTの大須賀グループのメンバーとして、制御理論を武器に生き物の数理的理解を一緒に目指す同志となった。私たちのミッションは、陰陽制御を数理的にまとめていくことである。

7・2　新たな旅の始まり

さて、本書で考察してきたことの根拠は、あくまでi-CentiPotという一つの人工物にまつわる事例なので、実のところ、本書での考察が実際の生き物にも当てはまるかどうかは定かではない。ファインマンは「『わかる』とは、少なくともそれに関して2つ以上の説明の方法を持つこと。それができたとき、初めて私は『本当にわかった』と感じる。」と語ったという。私もそうだと思う。これまで、生き物の知能の源泉を探ることを最終目標とし、それを工学の立場から理解しようと探求の湖を潜り、最終的にたどり着いた湖底にいたのがi-CentiPotであった。その結果、知能の源泉の正体は「環境」であるという結論が得られた。こうして旅は終わったのだが、実はそれはあくまで片道のゴールであり、本当に旅を終わらせるためには、今度は生き物からも同じ結果を導く必要がある。現在は、『宇宙戦艦ヤマト』[6]でいうと、ようやくイスカンダルに到着した

6　1974年に放送されたテレビアニメである。ガミラス星人から攻撃を受けた地球は放射線汚染におかされる。地球人はイスカンダルへ放射能除去装置コスモクリーナーを取りにいくために宇宙戦艦ヤマトを開発し、往復29万6000光年の旅に出る。

段階である。これから地球に戻るための新たな旅が始まるのである。

　現在私は、新たな旅として科研費基盤研究（S）[7]で「昆虫のゾンビ化から紐解く生物の多様な振る舞いの源泉（代表：大須賀公一[8]、2017〜2021年度）」というプロジェクトを実施している。このプロジェクトでは、本書のアプローチとは逆に、生き物を直接扱うことからスタートする。具体的には、第1章の冒頭で取り上げたコオロギの歩容変化において、最低限どの程度の脳・神経系が必要なのかを直接確かめるために、コオロギの上位脳機能を生きたままで段階的に阻害した上で、その行動を観察するという新奇な方法論を提案している。

　この方法のヒントになったのは、エメラルドゴキブリバチ（カリバチ）という蜂の行動である（図7・4）。カリバチは、ゴキブリの脳にある種の毒物を注射し、脳と身体との間を結ぶ神経系を麻痺させることで、両者を信号レベルで分離する（切断によって分離しているのではない）。その結果、ゴキブリは自分で動こうとしなくなり、カリバチが触覚を引っ張ると素直に牽引されるのである。この状態は、生きているのだが自由意志によって動くことができないという意味で「ゾンビ」と呼ばれている[9]。カリバチはゾンビ化されたゴキブリを自分の巣に連れ帰り、その体内に卵を産む。一週間くらいすると、そのゴキブリは毒の作用が消えてもとに戻るのであるが、その前にこの卵が孵化して幼虫が生まれる。そして、幼虫は生きたゴキブリを餌として食べて、やがて成虫になってゴキブリの体内から外に出て行くのである。

7　科学研究費の一つで、「安定的な研究の実施に必要な研究期間」と「研究遂行に必要かつ十分な研究費の確保」により、これまでの研究成果を踏まえて、さらに独創的、先駆的な研究を格段に発展させるために設けられた研究種目である。

8　大須賀公一（大阪大学）、小林亮（広島大学）、石黒章夫（東北大学）、青沼仁志（北海道大学）、石川将人（大阪大学）、李聖林（広島大学）、杉本靖博（大阪大学）、佐倉緑（神戸大学）。

9　Gal R. and Libersat F.: On predatory wasps and zombie cockroaches--Investigations of "free will" and spontaneous behavior in insects, *Communicative & Integrative Biology* 3:5, 458-461; September/October 2010.

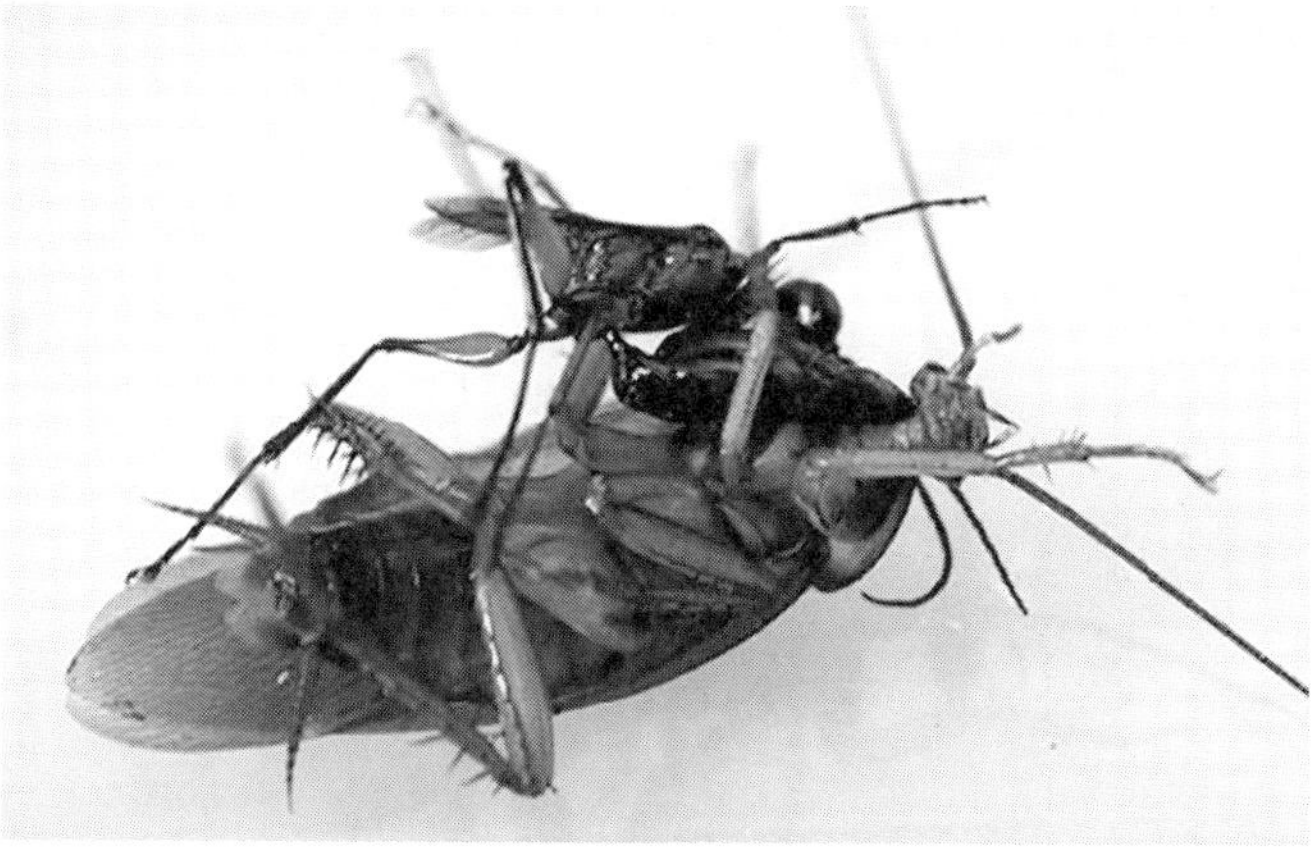

Courtesy of Prof. Frederic Libersat

図7.4
カリバチ（エメラルドゴキブリバチ）がゴキブリの脳に毒物を注射してゾンビ化しているところ。

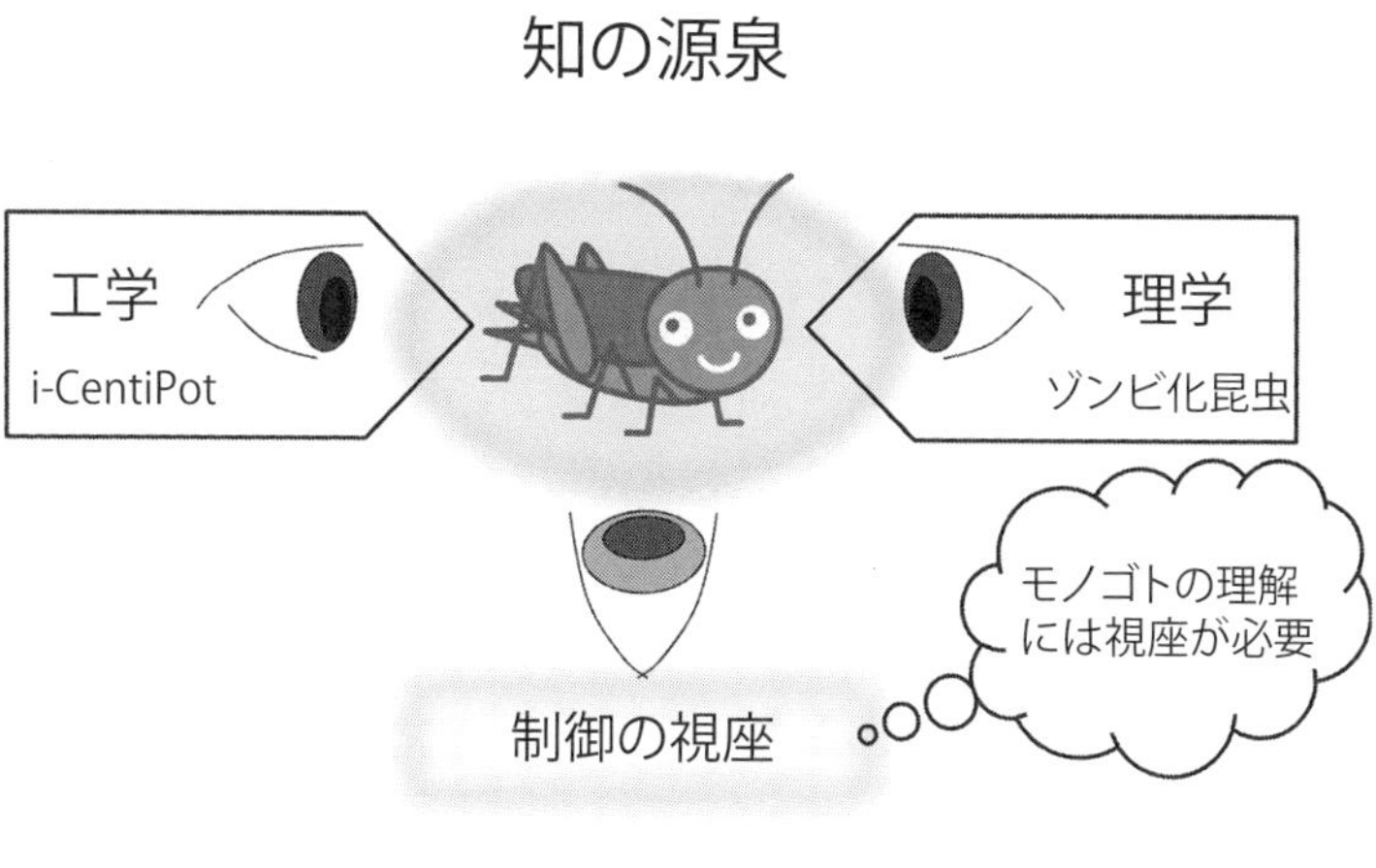

図7.5
昆虫をゾンビ化することで、生き物を機械することになり、本書で述べたi-CentiPotの生き物版を作ることになる。これによって工学と理学からの考察が重なり、納得の度合いが深まる。

このカリバチの狩猟行動から着想を得て、モデル生物として設定したコオロギの脳・神経系を薬理学的に機能阻害させ、コオロギを殺すことなく段階的にゾンビ化するという考えに至った。この「ゾンビコオロギ」は、いわば「昆虫の機械化」であり、この実現によってi-CentiPotから得られたものと同じ結論が得られたとすると、そのときこそ2通りの方法によって「知能の源泉」が理解できたことになり、ファインマンの言う「わかった」を実現できるのである（図7・5）。これについては本書を執筆している現在、あるいは出版された現在においても進行中で、結果が出れば本書の続編が生まれるかもしれない。「乞うご期待！」である。

本書の最後に、私がたどり着いた結論をまとめておく。まず、目の前の知的に振る舞うモノに感じる知能の本性は、そのモノの中に存在するのではなく、見ている私の頭の中に映し出されたイメージである、と捉えた。さらにそれは、そのモノの中にあるかのように見える陽的な知能「陽的知」と、そのモノの中ではなく身体と環境との相互作用の中に見いだされる陰的な知能「陰的知」から構成されていると理解した（図7・6）。ここで、陽的知を生み出すのはそのモノの中にある脳・神経系であり、それは明示的に見える脳なので「表脳」と呼ぶとしよう。一方、陰的知はそのモノの外にある相互作用から感じるもので、明示的ではないがあたかも脳のような働きをすることから、「裏脳」と呼ぶことができる。これまでのロボットの研究や脳科学の研究では、表脳の開発や研

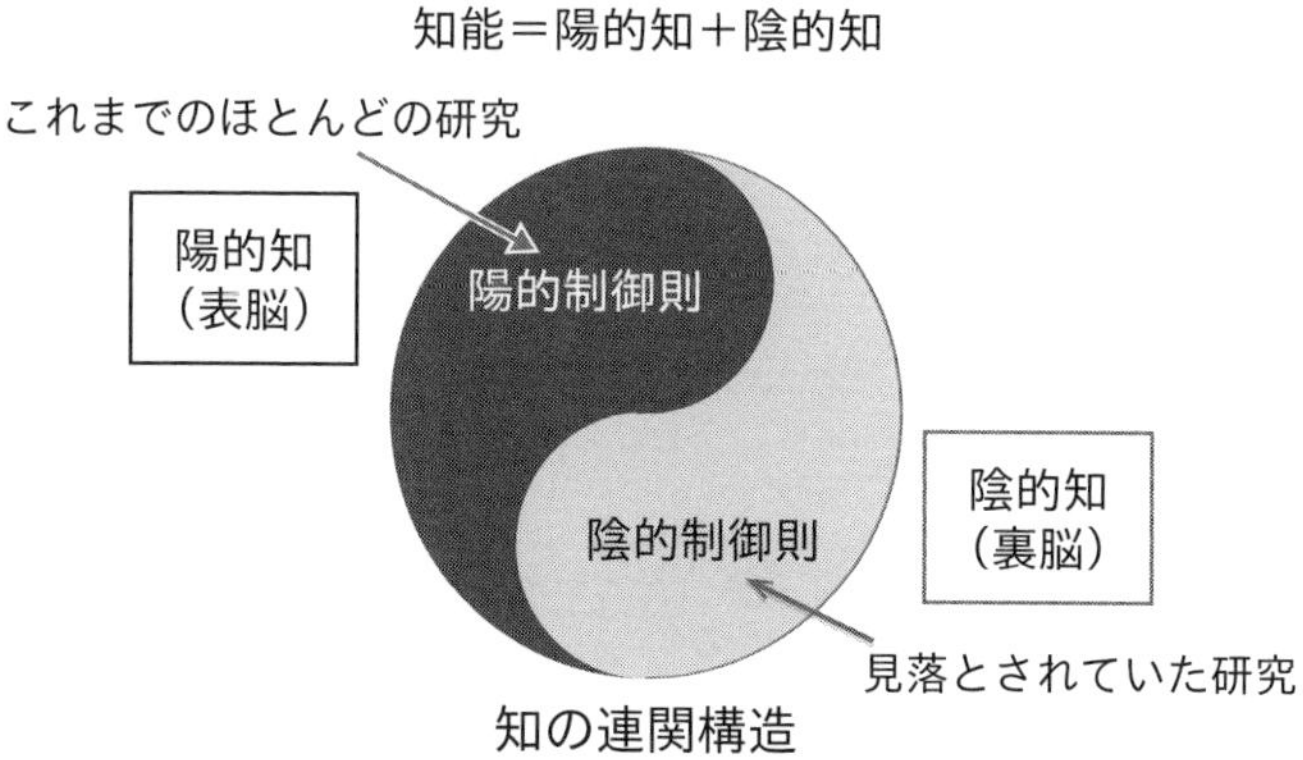

図7.6
表脳と裏脳の関係

究を目指してきたが、裏脳については考えられてこなかったと言える。最近注目されている人工知能は表脳の高度化を目指しているが、私たちが素朴に感じる知能はそれだけでは得られず、それを得るには裏脳をもっと理解しなくてはならないのではないだろうか？　おそらく現在の人工知能に不足しているのはこの裏脳であり、私は、これをうまく捕まえない限り我々が求めている知能には到達できないと考えている。

本書では、ムカデ型ロボットi-CentiPotとともにこの「裏脳」にたどり着いた。これこそが、私の求めていた答え「隠れた脳」である。ほら、やっぱりファインマンの寓話（17ページ）のように、求めていた答えは街灯のあかりの外にあったでしょ？

おわりに

最近思うことがある。長年研究を続けていると、いろいろなテーマに興味が向く。あるときは制御理論に興味があり、そうかと思えば受動的動歩行やニューラルネットワークに目が移り、さらには、マニピュレータや歩行ロボット、レスキューロボットなどにも熱中する。そうこうしているうちに、「自分はいったい何をしたいのか……何が専門なのか……」と悩み出す。ところが不思議なことに、これまでやってきたことを集約したテーマが見えてきて、「そうか、これまでのいろいろな研究はこのテーマに取り組むための準備だったのか！」と気が付くタイミングがときどきやってくる。このような経験を内省してみると、次のようなことが起こっているのではないかと思う。

まず、どうやら、人はそれぞれ自分の中に「やりたいこと空間」というのを持っているようだ。それは2次元かもしれないし3次元かもしれないが、そこへ例えば制御理論やニューラルネットワークといった「やりたいこと」の点が次々と打たれていく（上図）。この時点では、特に思想的な考えがあるとは限らず、次々と興味が移り、常に好奇心が満たされ、ある意味で充実した日々が続く。しかし、あるときふと「いろいろな

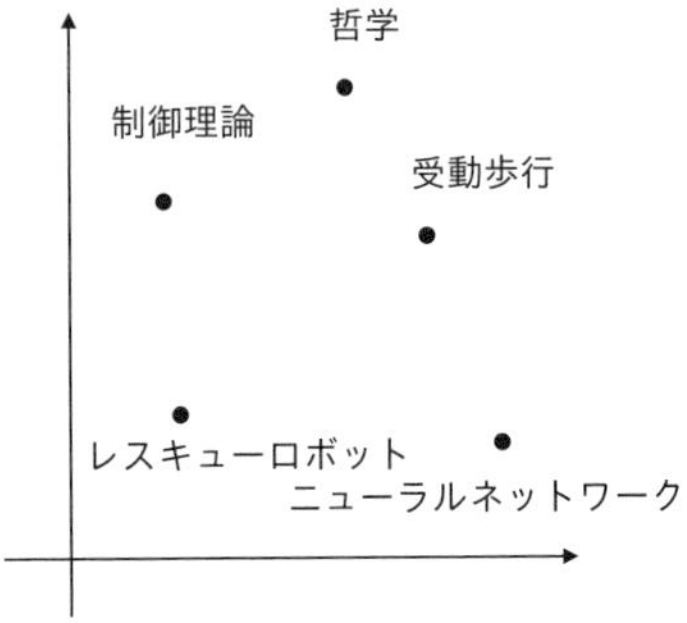

「やりたいこと空間」上に「やりたいこと」が点で打たれる。

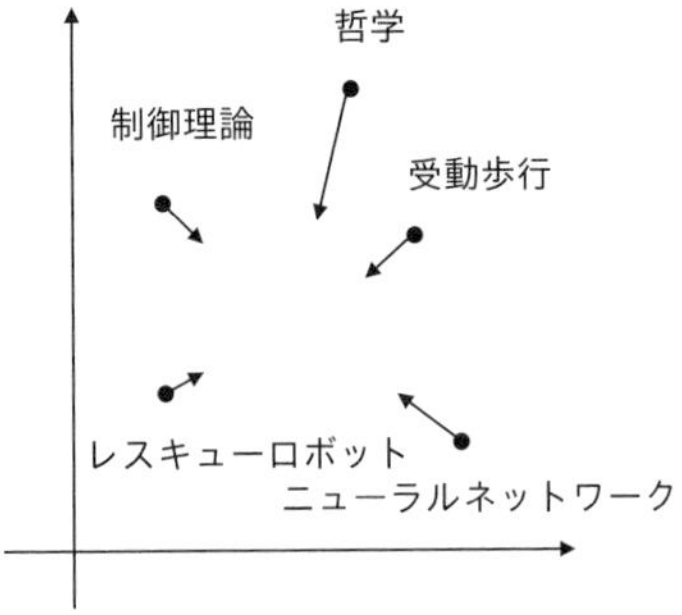

「やりたいこと空間」上にプロットされた「やりたいこと」の点は、実は矢印が出ている「ベクトル」だったことに気が付く。

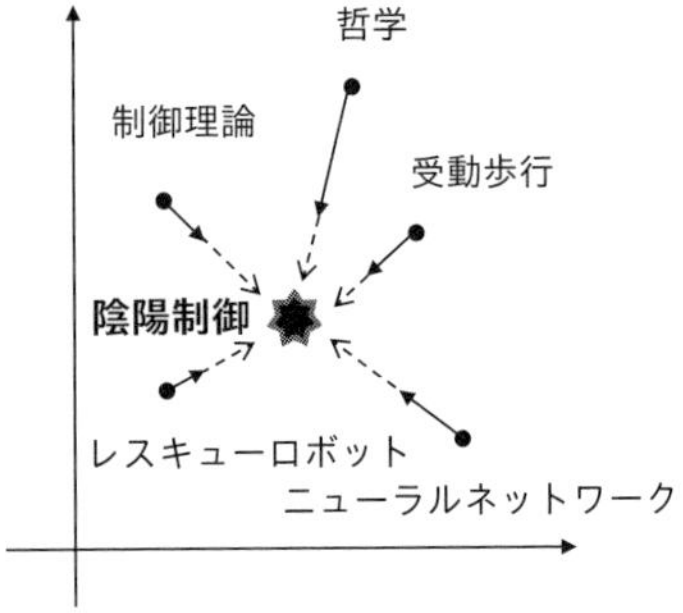

「やりたいこと空間」上に見えてきたベクトル群の向かう先に「潜在的やりたいこと」が浮かび上がってくる。

ことに手を出していて楽しいのだが、自分はなんと節操ないことをしているのだ」と気が付くときがくる。そして、そんなことをしばらく悩んでいると、今度は、これまで単なる点だと思っていた「やりたいこと」は、実は矢印が付いた「ベクトル」だったことに気が付く（中央図）。さらに、そのベクトルはやりたいこと空間の中のある一つの領域を示しており、そこにこれまで見えていなかった新しいテーマ「潜在的やりたいこと」が浮かび上がってくるのだが、実はそれは、それまでやってきた様々な研究が集約されたものなのである。すなわち、これまでスカラー場[1]だと思っていたやりたいこと空間は実はベクトル場[2]であり、無意識に点を打っていったとき、その点は同時にベクトルになっていたのである（下図）。

この、点がベクトルになるときのベクトル場を作るのは、その人の潜在的な興味の対象（普通それは表に出てこないことが多い）だと思う。いくら支離滅裂なテーマの選び方をしているように見えても、すべて同一人物が選んだことなので、その奥には共通の「興味を引く何か」が埋め込まれているはずである。ただ、最初の段階ではそれは表に現れないので、バラバラに見えるのである。

どうも、この「潜在的やりたいこと」が浮かび上がるタイミングは、10年くらい節操なく手を広げていると訪れてくるように思える。10年ごとに現れるとすると、30年で3回これを経験する。そして、実は本書で追い求めた「知能の源泉」は、「モデルベースド制御」「ダイナミクスベースド制御」「陰陽制御」と10年ごとに現れた大テーマの集大

1　空間内の点にスカラー（数値）が割り当てられている空間である。例えば大気中の気温の集まりなどは、それぞれの場所に温度というスカラーが割り当てられているので、スカラー場である。

2　空間内の点にベクトル（方向と大きさを持った矢印）が割り当てられている空間である。例えば大気中の風の集合で、風はそれぞれの場所で方向と大きさを持ったベクトルであると捉えられるので、ベクトル場である。

成になっていたのである。

このようなことを踏まえて振り返ってみると、本書で考察したテーマは、私が数十年来気になって仕方がなかったことだったのだと自覚する。最初は漠然と知的に振る舞う、あるいは知能を持った存在物の理解と設計を目指していたのが、いろいろなところで講演や講義などを行う中で、だんだんと論点が絞られてきた。その結果、どうやら自分の興味の対象は、知能の設計問題ではなく「知能が生まれる大本」である、すなわち自分は解析問題に挑みたいのだとわかってきた。そこを流れる大きなテーマは「知能の理解」ではあるが、何度も人前で話をしていくうちに、「そもそも知能って何？　本当に実在するものなの？」という疑問がわいてきて、徐々に徐々に知能の大海から大河に入り、どんどん上流へとさかのぼり、知能の湧き出し口である源泉を求める旅に出て、最後に「知能の源泉は環境だった」というゴールにたどり着いた。本書は、そんな冒険日誌を綴ったものである。

今回私がたどり着いた結論「知能の源泉は環境にある」は、非常にシンプルで、「はい？　たったそれだけですか？」というようなものであるが、これまで行ってきたすべての研究が役に立っている(すべてこの結論を出すための準備だったのだと実感する)。以下に主だったプロジェクトを紹介して、これらのプロジェクトに関わることができたことへの感謝の意を表し、そこで一緒に議論してきた研究者仲間の皆さんにお礼を述べたいと思う。

(1)文部科学省「新世紀重点研究創世プラン：リサーチ・レボリューション・2002（RR2002）」「大都市大震災軽減化特別プロジェクト（略称：大大特）」（2002～2006年度）
(2)文部科学省科研費特定領域「身体・脳・環境の相互作用による適応的運動機能の発現：移動知の構成論的理解」（2005～2009年度）
(3)内閣府最先端研究開発支援プログラム（FIRST）「健康長寿社会を支える最先端人支援技術研究プログラム」（2009～2013年度）
(4)科学技術振興機構（JST）：戦略的創造研究推進事業（CREST）「環境を友とする制御法の創成」（2014～2019年度）
(5)文部科学省科研費基盤研究S：「昆虫のゾンビ化から紐解く生物の多様な振る舞いの源泉」（2017～2021年度）

本書では、関係者から様々な生き物や実験装置などの写真や絵をご提供いただき、使わせていただいた。皆様にお礼を申し上げたい。

そして最後に、本書に登場した多くの（当時および現在の）学生さん、また同僚にも最大限の感謝の意を表したい。この本は書きはじめて約半年で原稿が完成した。こんなに早く書いたのは初めてである。若い頃、国語が嫌いで本を読むのも嫌い、倫理（哲学）などはもっと嫌いだった自分がこんな哲学っぽい本を書いているなんて、信じ難いことである。こんなことができたのは、書きたいテーマが非常にシャープに見えていたこともあるが、本書の原稿を作っていく段階で多大なるご尽力をいただいた近代科学社の皆様のおかげである。特に、編集に直接携わっていただいた石井沙知氏には文書を読みやすくするご助言を多々いただいた。お礼申し上げます。

２０１８年11月

大須賀公一

索引

数字・欧文

あ

か

さ

は

ま

著者紹介

大須賀 公一（おおすか こういち）

1984年 3月：大阪大学 大学院基礎工学研究科修士課程修了（制御工学）
1984年 4月：（株）東芝入社、総合研究所入所
1986年 10月：大阪府立大学 工学部 助手
1989年 2月：工学博士
1990年 10月：大阪府立大学 工学部 講師
1992年 4月：大阪府立大学 工学部 助教授
1998年 5月：京都大学大学院 情報学研究科 システム科学専攻 助教授
2003年 12月：神戸大学 工学部 機械工学科 教授
2009年 4月：大阪大学大学院 工学研究科 機械工学専攻 教授

計測自動制御学会学術奨励賞、論文賞、教育貢献賞、システム制御情報学会椹木記念賞奨励賞、日本機械学会ロボティクス・メカトロニクス部門ROBOMEC表彰、同部門学術講演賞などを受賞。

日本機械学会フェロー、日本ロボット学会フェロー、計測自動制御学会フェロー。

先端制御理論と応用、非線形力学とカオス制御、ロボティクス、メカニカルアナリシス&シンセシスの研究に従事。最近は陰的・陽的制御学を提唱している。その過程で、知能の素は脳ではなく身体と場の相互作用に埋め込まれているとの考えを持つ。また「日本哲学会」に入り、「そもそも論」を語ることに凝っている。

主要著書

『ロボット制御工学入門』（共著、コロナ社、1989年）
『制御工学』（共立出版、1995年）
『システム制御へのアプローチ』（共著、コロナ社、1999年）
『移動知―適応行動生成のメカニズム―』（編著、オーム社、2010年）
『ロボット情報学ハンドブック』（編者、ナノオプトニクス・エナジー出版局、2010年）
『受動歩行ロボットのすすめ』（共著、コロナ社、2016年）
『ロボット制御学ハンドブック』（編著、近代科学社、2017年）

知能はどこから生まれるのか？
ムカデロボットと探す「隠れた脳」

2018 年 12 月 31 日　初版第 1 刷発行
2018 年 12 月 31 日　初版第 2 刷発行

著　者　大 須 賀 公 一

発行者　井 芹 昌 信

発行所　株式会社 近代科学社

〒162-0843　東京都新宿区市谷田町 2-7-15
電 話 03-3260-6161　振 替 00160-5-7625
http://www.kindaikagaku.co.jp

藤原印刷　ISBN978-4-7649-0581-8
定価はカバーに表示してあります.